自動車用動力源の現状と未来

カーボンニュートラル時代に向けて

飯塚昭三

グランプリ出版

はじめに

　内燃エンジン車が初めて登場したのが1885年、電気自動車（EV）はそれよりさらに古いので、自動車はすでに140年以上の歴史があります。その間に自動車技術は大きく進歩し、各性能は格段に向上しました。特に動力系は内燃エンジンが長足の進歩をして、熱効率も半世紀前の倍以上になりました。電動系ではモーターが交流の同期モーターが使えるようになり、また日本で発明されたリチウムイオン電池が実用化されました。その組み合わせにより航続距離が大きく伸び、EVの本格普及も進み始めています。

　戦後、日本は自動車技術を欧米に学びながらその技術を磨き、今や完全にトップクラスになっています。世界一といえる技術も数多く持っており、その一例がハイブリッドの技術です。2モーター式のハイブリッドシステムは、欧米がなかなか実用化できない技術といえます。過度なEV化傾向が起きた一時期、「日本はEV化に乗り遅れている。日本の自動車工業は危うい」といった論調も見られましたが、EVの技術のほぼすべてを包含するハイブリッド技術を持った日本の自動車メーカーに、盲点はありませんでした。それどころかハイブリッド車が当面の現実解であることがはっきりしてきました。

　ところで、2050年に「カーボンニュートラル」を達成するという国際的な取り組みが進んでいます。これはIPCC（気候変動に関する政府間パネル）の報告から導かれた「CO_2の排出増加が地球温暖化の原因である」という説に基づくものです。一方でCO_2は地球温暖化の原因ではなく結果だとする説もあれば、そもそも現在地球は温暖化していないとの説もあります。

　とはいえ、すでに自動車業界はじめどの業界もCO_2削減、その先のカーボンニュートラルは重要かつ喫緊の課題として、その対応に取り組んでいます。そのひとつが電動化ですが、電池性能など困難な面もあります。内燃エンジンについては、CO_2削減は熱効率の向上と同義でもあり、技術の進歩を表すものです。エンジンの燃焼技術の進化は大変興味深いものがあります。ストイキ燃焼、希薄燃焼、さらにはHCCIといった技術への挑戦も続いています。副燃焼室、水噴射といった技術も注目されるところです。

　内燃エンジンにおいては化石燃料を使う限りCO_2の排出をゼロにすることはできませんが、燃料を再生可能エネルギーでつくった水素、またはその水素を使ったe-fuel、さらにはバイオマス燃料とすることによりカーボンニュートラルは可能になります。内燃エンジンを不要とするには電池のエネルギー密度がケタ違いの数値にまで向上しなければなりませんが、その手立ては今のところありません。自動車の動力源の今後は、電動化が徐々に進む一方で高効率・低CO_2排出のエンジンが2050年までは存続するでしょうし、そのカーボンニュートラル燃料による内燃エンジンは、その後もずっと生き続けると思います。

　ここでは、自動車の動力源がいかに発達してきたかを振り返るとともに、当面の課題であるカーボンニュートラル化、高効率化にどのように取り組んでいるか、その技術を紹介します。そこから将来の自動車の進化した姿を想像していただければ幸いです。

飯塚昭三

目　次

はじめに　3

序　章　2050年カーボンニュートラルへ

- ■日本の動き／7
- ■世界の動き／8
- ■エンジン車禁止の方向性の裏にあるもの／9
- ■EVの有用性と弱点／10
- ■エンジンはなくせない、なくならない／11
- ■EVは小さいクルマ向き／12

第1章　自動車動力源とその課題

- ■排気ガス規制とCO_2排出規制／15
- ■CO_2排出低減は燃費低減とイコール／18
- ■タンクtoホイールとウェルtoホイール／18
- ■ライフサイクルアセスメント（LCA）とは／19

第2章　高効率・低燃費エンジン技術

ガソリンエンジン技術／21

- ■可変バルブタイミング機構／21
- ■切り替え式可変バルブタイミング（リフト）機構／24
- ■連続可変バルブリフト機構の基本原理／26
- ■連続可変バルブリフトの効果／27
- ■いろいろな可変バルブリフトシステム／28
- ■連続可変バルブリフトが広がらなかった訳／30
- ■EGR／30
- ■気筒休止／32

　1980年代からあった技術／33　　近年の気筒休止技術 マツダの例／35

- ■アトキンソンサイクル／36
- ■ミラーサイクル／37
- ■HCCI／39
- ■マツダのSPCCIとSKYACTIV-X／41
- ■希薄燃焼（リーンバーン）／44
- ■副燃焼室方式／46
- ■水噴射／47
- ■可変圧縮比／48

　可変圧縮の仕組み／49　　コンロッドが真っ直ぐ下がる／50　　6気筒に近いバランス／51
　高いEGR率／51　　e-POWER用ならではの特徴／52

- ■発電用としてのロータリーエンジン／52
- ■2ストロークエンジン／56

　次世代2ストロークエンジン／58

- ■対向ピストンエンジン／59

　基本構造と作動／59　　復活の要因／61

ディーゼルエンジン技術／62

- ■高圧多段噴射／62
- ■ディーゼルエンジン用触媒／64

ハイブリッド技術／66

- ■ハイブリッドの分類と有用性／66
  - ハイブリッドの分類／66　　ハイブリッドの有用性／67
- ■2モーター式と1モーター式ハイブリッド／68
  - 2モーター式ハイブリッド／68　　1モーター式ハイブリッド／69
- ■各社のハイブリッドシステム／71
  - プラネタリーギヤを巧みに使ったトヨタのTHS／71　　高効率を追求したホンダのe:HEV／73
  - 三菱のPHEVシステムはシリーズパラレル／75
- ■シリーズ型のe-POWER／76
  - ルノーのE-TECH ハイブリッド／80

代替燃料／85

- ■NG（天然ガス）／85
- ■LPG／86

第3章　CO₂排出ゼロの技術①　電池の現状と急速充電規格

EV 化の現状と課題／87

- ■過剰なEV化とその鎮静／87
- ■EVの課題／89
- ■電池の発明／91
- ■電池の基本原理／91
- ■鉛電池／92
- ■ニッケル水素電池／93
- ■リチウムイオン電池／94
- ■全固体電池／95
- ■バイポーラ型蓄電池／97
- ■金属空気電池／98
- ■電池開発の現状／99
- ■二次電池を巡る動き／100

充電の現状と展望／102

- ■急速充電規格／104
- ■欧米の巻き返し／105
- ■電動車向け充電インフラ／108
- ■ワイヤレス充電（非接触充電）①／109
- ■ワイヤレス充電（非接触充電）②／110

モーターの現状と展望／111

- ■モーターの損失／111
- ■磁石／112
- ■ステーターコイル／112
- ■モーターの冷却／113
- ■インホイールモーター／114
- ■インバーターの進化／115
- ■e-Axle（eアクスル）／116

第4章　CO₂排出ゼロの技術②　カーボンニュートラル燃料とエンジン

バイオ燃料／119

- ■CO_2を排出するバイオ燃料がなぜカーボンニュートラルか／119
- ■バイオ燃料の種類／120
  - エタノール／120　　バイオディーゼル／122

e-fuel／124

- ■e-fuelとはなにか／124
- ■e-fuelにはDAC（ダイレクトエアキャプチャー）が必要／125
- ■フィッシャー・トロプシュ法／127
- ■e-fuelの課題／127

水素燃料とその動力源／128

- ■水素を使う意義／128
- ■水素の燃料としての特徴／130
- ■水素の種類／131
- ■期待されるホワイト水素／131
- ■水素の課題と現状／132
- ■水素の安全性／134
- ■世界は水素社会を目指している／134
- ■FCEV（燃料電池車）／136
  - FCEVの歴史／136　　ベンツが火を付けたFC開発競争／136　　その後のFCEVの動向／138
  - 海外におけるFCEV／141　　今後を見すえて／143
- ■水素エンジンの歴史／143
- ■トヨタの水素エンジンレース車の進化／145
- ■コンバージョン水素エンジンの可能性／146
- ■EVの限界とカーボンニュートラル燃料エンジン／149

主要元素／152

主要分子／157

参考文献／159

序　章
2050年カーボンニュートラルへ

■日本の動き

　国連の気候変動枠組を話し合う締約国会議（COP）は1995年以降毎年開かれているが、2015年のパリでの会議で採択されたのがいわゆる「パリ協定」である。これは2020年以降の気候変動枠についてのもので、世界は「世界の気温上昇を産業革命以前に比べて2℃より充分低く保つとともに、1.5℃に抑える努力を追求」「今世紀後半に人為的なGHG（温室効果ガス）の排出と吸収の均衡を達成」するというものである。

　そして2021年に英国で開催されたCOP26では、長期目標であった「パリ協定」の具体的な取り組みについての合意がなされた。それはIPCC（気候変動に関する政府間パネル）の報告から導かれた野心的な取り組み、いわゆる「2050年にカーボンニュートラル」の達成であった。これによりカーボンニュートラルの重要性が国際的に急速に認知されることになった。

　こうした背景の中、日本では2020年10月に当時の菅義偉総理大臣が「2050年カーボンニュートラル」を宣言、さらに「2030年度にGHG排出量を46%削減（2013年度比）」することを表明した。

　日本におけるCO_2の排出量は、全体の18.5%を運輸部門が占め、そのうちの85.8%が自動車によるものとなっている（2022年度）。これにより「2035年までに乗用車新車

化石燃料を再生可能エネルギーに転換し、2050年にはCO_2の排出と吸収をバランスさせてカーボンニュートラルの達成を目指す。

販売で電動車100%を実現できるよう、包括的な措置を講じる」というグリーン成長戦略が2021年に策定された。商用車についても「2030年までに新車販売で電動車20〜30%、2040年までに新車販売で、電動車と合成燃料等の脱炭素燃料の利用に適した車両で合わせて100%を目指す」とされた。なお、電動車とは電気自動車(EV)という意味ではなく、モーター走行できるハイブリッド車(HEV)も含めたものになる。その意味では、ハイブリッド車の普及している日本においては、難しい話ではない。

■世界の動き

　COP26のカーボンニュートラルに関する合意を受けて、世界は自動車のEV化を急速に進めるようになった。特に顕著だったのはEU、米国、中国である。2035年前後をメドに内燃エンジン車の販売を禁止する方向性が出された。自動車メーカーもEV化の推進を表明し、エンジン車から手を引くことを明らかにするところも出てきたのだった。それはハイブリッド車、プラグインハイブリッド車(PHEV)をも含めた内燃エンジンを搭載したクルマからの脱却の表明であり、具体的には以下のとおりであった。

・欧州議会は2035年までにガソリン車など内燃エンジン車の新車販売を事実上禁止する法案を賛成多数で可決した(2022年6月)。

・米国ではカリフォルニア州を筆頭に各州で2035年までにガソリン車やディーゼル車の販売を禁止することを掲げている。これにはHEVも含まれるが、プラグインハイブリッド

車は80km以上のEV走行ができれば規制対象外に認められる。

・中国では2035年を目途に新車販売はEVやHEVなどの環境対応車にする。

　米国では各州の独立性が高いので、州によっては独自に規制案を制定したりしている。EU域内では各都市が独自にガソリン車やディーゼル車の市内乗り入れを禁止する都市が増え、新車販売にも影響を及ぼしている。また、ボルボが新モデルはすべてEVにすると宣言したり、ホンダが世界販売の新車はすべてEVと燃料電池車（FCV）にすると表明したり、さらにはステランティスが2030年までに欧州の新車販売ではEVを100%に、米国では50%とする目標を掲示するなど、自動車メーカーのEV化への積極姿勢の表明が出された。その他排気ガス問題では遅れているアジアでも、世界的な動きからもEV化に進みだす。

　ところが、2023年3月、EUはエンジン車の販売を条件付きながら認めることになった。そしてその後、EV推進の機運は大きく変化した。これについては後述する。

■エンジン車禁止の方向性の裏にあるもの

　内燃エンジンは長い年月を経て着実に発展して、あらゆる性能を向上させてきたが、化石燃料を使う限りCO_2の排出は不可避であり、カーボンニュートラルの方向性に合わない現実がある。そのため、エンジンを使わないEV化の方向に一気に突き進むことになったとされている。しかし、急激なEV化の方向性には、裏の見方があることは押さえておかねばならない。

　実は、ガソリンエンジンにしてもディーゼルエンジンにしても日本の技術はもはや世界一といえる。熱効率はガソリンエンジンで40%を超え、ディーゼルエンジンでは45%にもなっている。さらに、いずれも50%超えを目指して研究開発が進められている。しかも日本はハイブリッド車のパイオニアであり、その技術も欧米の追随を許さない。もはや欧米は内燃機関技術でもハイブリッド技術でも、日本に追い着けないことが明らかになっている。

　そこで起きたのが「ディーゼルゲート」といわれた不正の発覚である。ハイブリッドで日本にかなわなくなった欧州勢は、CO_2の排出の少ないディーゼルエンジン車でCO_2削減を成すべく舵を切った。しかし思ったようにCO_2低減ができなかったフォルクスワーゲン（VW）は、排気ガステスト時だけはよい数値が出るようにしたソフトを搭載したのだが、

それが米国で発覚、多額の罰金を払うという事件が起きた。これで、ディーゼル車への信頼は一気に落ち、販売台数も激減した。

そこで仕掛けられたのが、スポーツでもよくあるルールの変更である。不利なエンジンやハイブリッドでなく、可能性のあるEVで勝負しようというもので、EUが主導したこの方向性にアメリカも同調する。中国は自動車のマーケットは大きくてもエンジンもハイブリッドも技術的に遅れており、EV化に同調するのは当然で、積極的にEV化を進めようという立場をとる。さらに、バッテリーの生産なら得意分野でもある。

すなわち、世界のEV化の方向性は「日本車つぶし、ハイブリッド車つぶし」という背景もあったといえるのである。しかし、EVシフトを強力に進めた結果、テスラは一躍業界トップの座を得るも、中国勢も安さを武器に勢いづく。結局、EVにシフトしたものの欧州でも米国でも中国勢の攻勢に苦しめられ、その対応に追われることになり、当初の思惑通りには進んでいないのが現状といえる。

■EVの有用性と弱点

EVの最大の有用性は走行に際してCO_2の排出がないことである。また、熱効率が高いこともある。エンジンは40％とか45％といっているが、モーターは90％以上の高効率である。また、電気制御であるから、制御スピードがきわめて速い。エンジンの100倍ともいわれる速さなので、駆動力による操縦安定性制御にも俊敏に反応する。さらに静粛性にもすぐれ快適性が増す。消音マフラーも不要である。

その一方で弱点は、まず一充電の航続距離が短いということがある。最近は500kmオーバーをうたう車種もあるが、それだけ大きなバッテリーを搭載しているともいえる。そうすると充電にも時間が掛かる。そもそもガソリンや軽油といった液体燃料であれば、5〜6分で満タンにできるが、バッテリーを満充電にするには急速充電でも20〜30分は掛かる。充電器の設置数にもよるが、充電に時間が掛かるだけに充電渋滞の心配もある。充電器の空き待ちである。またバッテリーが重いので、車格のわりに車重が重い。モーターは低速トルクが強いので加速はよいとして、重い分ブレーキやタイヤの負担が大きく、その粉じんも多くなり、環境にもよくない。バッテリーは低温で性能が落ちるので、厳寒の地方には向かず、雪による渋滞などではリスクが大きい。

液体燃料の補給と違い充電は急速充電でも20〜30分の時間を要するのが弱点。

■エンジンはなくせない、なくならない

　前述のようにEVにはメリットがある一方で多くの弱点もある。したがって早急なEV化には無理がある。EVが善、ガソリン車が悪、といった二元論でなく、情況を見極めながら冷静に進めるべきである。電動化を進めるのは正しいとしても、ハイブリッド車を一切排除するのは明らかに間違いである。20年以上にわたりCO_2削減に大いに貢献してきたハイブリッド車を、急いで排除する理由はない。

　世界の新車販売のすべてがEVやFCEVになった場合、まず再生可能エネルギー由来のクリーンな電力が足りるのか。その辺の事情は国により違うが、バッテリーの原材料、リチウムを始めコバルトやニッケル等の資源には採掘場所の偏在と採掘可能年数（量）の問題もある。さらに製品の材料発掘から運搬、加工、消費、廃棄に至るまでの環境負荷を考えるLCA（ライフサイクルアセスメント）の導入（第1章にて説明）が近い将来あることを考えると、単純なEV礼賛が正しいとはいえない。

　したがって世界各国の電源構成と充電インフラを考えた場合、2035年に全世界で販売車両をすべてEV化するのは不可能である。そこではエンジンを使ったハイブリッド車、プラグインハイブリッド車が必要である。電動化されない純粋のエンジン車は出番を失っても、ハイブリッド車は有効に使われるはずである。

　逆にいうと、エンジンを使う車はハイブリッドでなければならない。その理由は、移動を目的とした自動車の場合、必ず減速がある。この減速時の慣性エネルギーを熱とし

て逃がしてしまっては効率が悪い。回生してバッテリーに溜め、次の発進や加速に有効に使う必要がある。そのためにはどうしてもハイブリッド機構が必要になる。燃費規制がいっそう厳しくなる環境下で、減速エネルギーを捨てることなどできないはずである。

さらにe-fuel、バイオ燃料、水素といった燃料を使うことにより、エンジンでもカーボンニュートラルを実現できる可能性を持っている。このことが次第に分かってきたといえる。実際にEV化推進の機運はわずか2年ほどで大きく削がれている。まだ、EVの販売比率が10%にもならないうちに、である。

■EVは小さいクルマ向き

量産BEV（バッテリーのみを搭載したEV）として世界に先駆けて2010年に発売したのは三菱i-MiEVであり、続いたのが日産リーフである。初の量産BEVが軽自動車であったのは、小さいクルマにこそBEVが向いているからであったといえる。重量または容積あたりのエネルギー量をエネルギー密度というが、バッテリーのエネルギー密度はガソリンと比べてきわめて小さく、航続距離も長くできない。軽自動車は都市間の長距離移動より比較的短距離の走行が多い。軽自動車のような小さいクルマにこそEVは向いている。リーフは軽自動車ではなく小型車としたが、これは米国市場への輸出が前提であり、ある程度の大きさが必要、という事情があったからといえる。

EVは長距離輸送が想定される大型トラックには向かない。なぜなら大量のバッテリーを搭載せねばならず、その分重量が増え荷物の積載スペースも制限されるからで、荷物を運ぶというよりバッテリーを運んでいるようなことになりかねず、EV化はきわめて困難である。ただし配送ルートが決まっていて充電スポットも確保されているような場合は、ある程度の大型でもEV化は可能である。電動化は大きいものより小さいもののほうが向いていることは、工具や農機具などが小さいものから電動機に置き換わっている現状からも理解できる。

テスラを始めEVを推進した欧米のメーカーは、比較的車格の高いEVを最初から投入したが、これは少々割高でも一定層いる富裕層や環境意識の高いオーナー向けで、補助金の前提もあったからである。本来、大きなバッテリーを少数のクルマで使うより、小さなバッテリーを多数のクルマで使ったほうがCO_2削減や環境負荷低減の点から

好ましい。日産と三菱が軽自動車のＥＶ、サクラとekクロスEVを2022年に発売したのは理にかなっている。

　ところで、EVはエレクトリックビークルの略で、広い意味ではハイブリッド車（HEV）もプラグインハイブリッド車（PHEV）も燃料電池車（FCEV）もEVに入る。しかし、通常はEVというとバッテリー電力でモーターを回して走るBEV（バッテリーエレクトリックビークル）を意味している。そこで、本書では通常は狭い意味でエンジンや燃料電池を搭載せず、バッテリーだけを搭載したBEVを単にEVとして表し、特に区別を明確にするときにはBEVをも使う。なお、ハイブリッド車は日本ではHVと略すことが多いが、欧米では、また学術的にはHEV（ヘブ）と略すのが普通であり、本書ではHEVを使う。

第1章　自動車動力源とその課題

第1章
自動車動力源とその課題

■排気ガス規制とCO₂排出規制

　自動車の排気ガス問題が起きたのは、モータリーゼーションが進展した第2次世界大戦後のことになる。米国のカリフォルニア州で始まった排気ガス規制はその後全世界に広がり、厳しい規制が段階的に適用されてきた。日本では1966年のCOの濃度規制から始まり、1973年にはHCやNOxの規制も加えられる。さらに1978年には世界で最も厳しいといわれた排気ガス規制（昭和53年規制）が行なわれた。その後も段階的に厳しい規制が施行されていった。

　ヨーロッパはEUによる排気ガス規制があり、段階的に規制値を厳しくしてきている。これらに対し、中国やインド、その他アジアやアフリカ、南米などの発展途上国では先進諸国の規制を遅れてたどるような状況で、事実上日本や欧米よりゆるい規制になっているのが実情である。

　自動車の排気ガスで問題となったのは、炭化水素（HC）、窒素酸化物（NOx）、一酸化炭素（CO）、二酸化炭素（CO_2）、粒子状物質（PM）などだが、やがて三元触媒が開発され、これによりHC、NOx、COの浄化が可能となり、大きな進歩を遂げた。PMは主にディーゼルエンジンから排出されるが、大抵がDPF（Diesel Particulate Filter：ディーゼル微粒子捕集フィルター）という触媒で浄化している。なお、ガソリンエ

15

自動車の排気ガスで問題になるのはHC、NOx、CO、CO_2、PMなど。このうちHC、NOx、COは三元触媒で浄化が可能になった。

ンジンでも直接噴射式ではPMの発生が多く、問題とされている。

EUの排気ガス規制は、ユーロ1が1992年に始まり、その後次々に規制が強化され、2024年現在ではユーロ6dが施行されている。この規制値を満たさない車両はEUでは販売することができない。CO_2排出規制のほうは達成できなくても罰金を払えば販売は可能であり、違いがある。

ユーロ6dの次の規制となる、ユーロ7は幾度も延期されてきたが、2022年11月に発表され、乗用車や小型商用車は2025年7月から、バスやトラックは2027年7月から適用されるとした。しかしその後これも大幅な修正が加えられ、「施行から30カ月(2年半)後からの適用」という内容になった。

ユーロ7のユーロ6dとの大きな違いは、エンジンを搭載しない車両(EV)を含めてすべての車両を対象とした「総合環境規制」となっていることである。すなわち車両のタイヤやブレーキから出る摩耗粉塵も対象とするもので、EV、FCEVも対応が必要になる。EVは内燃エンジン車より車重が重いのが普通であり、その意味ではむしろエンジン車より厳しい対応を迫られる。しかし、2024年を迎えた段階でも具体的な試験方法が確定しておらず、規制値も一部しか示されていない。しかし乗用車については2026年11月29日が規制開始の一応の時期となっている。

電動車の電池についても規制される。使用開始から5年後または10万km走行時に電池容量が初期の80%以上を維持することなどとされている。これ自体はそれほど厳しい規制ではなく、粗悪な電池の排除を目指したものと見られる。

排気ガスについては、新たにアンモニア（NH₃）が追加された。NH₃はガソリンエンジンで濃い混合気（リッチ）の時に発生しやすいという。通常は理論空燃比のストイキ運転を基本としているが、気筒内が完全に均一に混合しているわけでなく、濃淡があり、そこでNH₃が発生するといわれる。アンモニア自体は燃料にもなる可燃物だが、燃焼条件がガソリンより厳しく、未燃で残る可能性が高い。シリンダー内の燃焼の改善でNH₃の発生を完全に止めるのは難しいとされており、アンモニアスリップ触媒の使用が必要になるとも見られている。

従来の排気ガスの規制値としては、ガソリン車とディーゼル車で異なっていた規制値が一本化された。例えばNOxでは80mg/kmだったディーゼル車は、ガソリン車と同じ60mg/kmとなる。COでは1000mg/kmであったガソリン車はディーゼルと同じ500mg/kmの規制値になる。これら排気ガス規制値はそれほど厳しいようには見えないが、試験方法が変わるとその様相は異なってくる。それはシャシーダイナモ上でなく、RDE（Real Driving Emissions）という路上走行での計測で行なうというもの。この計測評価で特に厳しいのは冷間始動時の排ガスの悪化を抑えることという。

このようにユーロ7は排気ガス規制であるとともに、排ガス以外の環境分野への規制にも及ぶもので、まさに総合環境規制の様相を持つものになっている。

日欧米の排気ガス規制値は1973年当時と今日を比べると格段の差があり、その排気ガスの排出レベルは非常に低いところまできているといえる。2000年以前に生産されたクルマの排気ガスに対し、今日生産されているクルマの排気ガスのほとんどの成分は10分の1以下にまで下がっている。ある意味では化石燃料を使った内燃エンジンによる排気ガス問題は終盤に入っているといえる。今後の内燃エンジンは、排気ガスを排出しないEVや、ほとんど排出しないe-fuel、水素燃料、バイオ燃料等になっていくので、かつてのような大きな課題ではなくなっていくと思われる。ただし、技術的には難しくなくても、触媒を使うとなるとコストが掛かるのでやはり大きな課題ではある。

なお、高温で燃焼する内燃機関では、化石燃料以外でも空気中の窒素Nと酸素Oが反応してNOxだけはわずかながら排出される。さらに細かくいうなら、エンジンオイルによるいわゆるオイル上がりやオイル下がりによるオイルの燃焼によるHCやCOの排出なども、わずかながらある。これらは規制値より大幅に小さな値である。

■CO_2排出低減は燃費低減とイコール

　内燃エンジンの有害な排気ガスは大幅な低減が達成されてきたが、同じ排気ガス成分でもCO_2はまた異なる意味を持っている。他の排出ガスは理想的な燃焼により低減できるが、CO_2はいくら理想的な燃焼をさせても必ず発生する。それは、化石燃料はいずれも炭化水素、すなわち炭素と水素の化合物だからである。その炭化水素を燃焼させると、熱エネルギーを発生するとともにCO_2とH_2Oに化学変化する。すなわちエンジンが働けばCO_2と水を排出する。エンジン、排気系が暖まっていれば水は水蒸気となっているので気づかないが、冬にエンジンを掛けたばかりでは排気管から白い湯気をはき出しているのをよく見かけるはずである。

　ではCO_2を減らすにはどうすればよいのかということになるが、それは燃費をよくするしかない。使う燃料が少なければそれだけCO_2の排出が減る。燃費とCO_2排出は比例関係にあり、EUの排ガス規制ユーロ6で「CO_2の排出を1km走行あたり95gにしなさい」というのは「それに見合った燃料消費率を達成しなさい」というのと同義なのである。

■タンクtoホイールとウェルtoホイール

　タンクtoホイールのタンクは燃料タンク、ホイールは車輪のことである。通常クルマの燃費を語るとき、燃費が1リットルあたり24kmだったとかいい、それで燃費の善し悪しを判断する。このように燃料タンクから車輪までの効率についての考え方をタンクtoホイールという。

　これに対しウェルtoホイールという考え方がある。ウェルは井戸のことだが、ここでは石油の井戸「油井(ゆせい)」を指す。すなわち、石油を汲み上げ、精製、輸送してガソリンスタンド(SS)の貯蔵タンクに入れるまでの行程をも加味した考え方が、ウェルtoホイールである。

　これは考え方の問題であり、EVについても適用される。タンクtoホイールの考え方でEVのCO_2の排出はゼロでも、もし充電した電気が火力発電により作られた電気であれば、その段階で多くのCO_2を排出しており、EVもクリーンであるとはいえなくなる。

　燃費やCO_2の排出を考えるに当たっては、このタンクtoホイールとウェルtoホイールの考え方をしっかり持たなければならない。

第1章　自動車動力源とその課題

燃料タンクの燃料によるCO₂排出を考えるのがタンクtoホイール。タンクに入るまでの工程すなわち井戸(WELL)で原油を掘り出し精製して燃料とするまでのあらゆる工程を含めて考えるのがウェルtoホイール。これは次項のLCAの考え方だが、LCAは単にCO₂だけでなく、環境負荷全体を考える。CO₂だけについてはカーボンフットプリント(足跡の意)と呼ばれる。

■ライフサイクルアセスメント(LCA)とは

　ライフサイクルアセスメントとは、製品等のライフサイクル全体(資源採取−原料生産−製品生産−消費−廃棄・リサイクル、それらの間の運搬)における環境負荷を定量的に評価する手法である。クルマのCO₂排出については、タンクtoホイールが走行時のCO₂排出で、ウェルtoホイールは燃料の採掘から精製、運搬してガソリンスタンドのタンクに注入するまでを加味したCO₂排出の評価であるが、いずれも燃料についての評価である。

　それに対しLCAにおいては、クルマそのものの一生をたどってCO₂の排出を評価する。すなわち、クルマの材料になる原料の資源採掘から、部品生産、組立生産、消費、廃棄処分に至るまで、その間の運搬を含めてすべての段階でのCO₂排出をトータルして評価する。したがって、EVは走行時にCO₂を排出しないのでクリーンだと評価される一方で、LCAでの評価ではバッテリーの生産時に内燃エンジン車より多くのCO₂の排出をしているとされている。したがって燃料とクルマの両方を合わせて評価しないと、正しいCO₂排出の評価は得られない。

19

このLCAの評価手法はISO（国際標準化機構）による環境マネジメントの国際規格の中で、ISO規格が作成されているが、これは大枠を決めているだけである。その分析、評価の手法の規格統一はこれからで、実際にはメーカーや研究機関が独自の手法で行なっている。なお、LCAはCO_2の排出だけを扱うのではなく、大気汚染、有害化学物質、オゾン層破壊、生態毒性、酸性化、光化学オキシダント、廃棄物、資源消費等、地球や人に影響を及ぼすすべての項目を対象としている。その中でも、地球温暖化への影響評価であるCO_2を対象としたものを「LC CO_2」と表し、これをカーボンフットプリントともいう（フットプリントとは「足跡」の意）。クルマでは特にこの「LC CO_2」が重視されている。

環境に優しいとされるEVも、LCAの評価では電池製造に多大な環境負荷があることが指摘されており、大きなバッテリーを搭載するEVより、小さなバッテリーで済むHEVのほうがCO_2の排出が少なく環境に優しいとの試算もある。

今日、世界の燃費評価はタンクtoホイールであるが、2025年以降はウェルtoホイールに移行される見通しである。また、2030年以降にはLCAも取り入れた評価になる方向である。そうなったときにタンクtoホイールで高い評価を得ていたEVの地位がそのままでいられるかはきわめて疑わしい。

第2章
高効率・低燃費エンジン技術

　自動車用内燃機関としてはガソリンエンジン、ディーゼルエンジン、そしてロータリーエンジンがある。ガソリンエンジンは火花点火による燃焼だが、ディーゼルエンジンは圧縮着火による燃焼で、燃料もガソリンでなく軽油という違いがある。ロータリーエンジンは、燃料はガソリンだがピストンの往復運動ではなく、三角形のローターによる揺動回転運動である。それぞれ特徴があり、高効率化の手法も異なる部分が多い。

ガソリンエンジン技術

　歴史的にも最も古く、自動車用エンジンとして今日も多用されているのがガソリンエンジンである。長い歴史の中でガソリンエンジンは大きく進化して、その熱効率は半世紀前の2倍の40%を超えるほどになり、さらに50%を目指す情況にある。その技術進化を振り返るとともに、今日の動向と今後の展望を見てみよう。

■可変バルブタイミング機構

　エンジンが極ゆっくり回転するものなら、吸気バルブは上死点で開いて下死点で閉じ、排気バルブは下死点で開いて上死点で閉じればよい。しかし、エンジンは低速から高

速までいろいろな回転数で使われる。吸気にも慣性力があるから、最適なバルブタイミングは回転数により異なってくる。そこで、回転数に応じてバルブタイミングを変化させようというのが、可変バルブタイミング機構である。通常、回転数に応じてカムシャフトをひねることで進角を変える方法がとられている。

　通常カムシャフトは、クランクシャフトからチェーンやコグド（歯付き）ベルトでつないで駆動させている。両者を位置決めしてチェーンやベルトを掛けると、クランクシャフトの角度に対するカムシャフトの角度も決まってしまう。しかし、チェーンやベルトの掛かるスプロケットとカムシャフトを直結とせず、間にひねりを付ける機構を設ければ、カムシャフトは進角

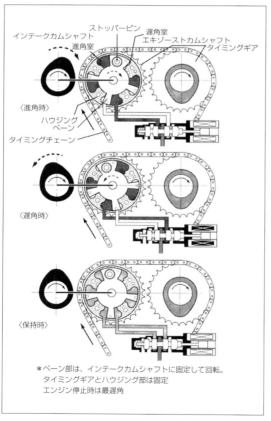

油圧ベーン式の進角装置の作動図。タイミングギヤの内部はハウジングとベーンで構成されている。ハウジングはタイミングチェーンにより駆動され、ベーンはカムシャフトと同軸だが、両者はある角度の間で可動になっている。ベーンの左右どちらかの部屋に油圧を掛けるかでハウジングとベーンに角度差が生じ、進角を調節する。

を変えることができる。この方法には油圧式と電動式があるが、主流は油圧式である。

　油圧ベーン式といわれる機構は、油圧室を持ったハウジングとベーンで構成されている。ハウジングはタイミングチェーンとつながっており、ベーンはカムシャフトとつながっている。ここで、ハウジングとベーンの間にはある角度の可動幅がある。この可動幅を油圧室に送るオイルの量により調節するようになっている。そのためカムシャフトの進角を全体的に早めたり遅らせたりできるわけである。

　これにより高速回転になるに従い吸気バルブの開くタイミングを早め、吸気効率を高めることができる。ただし、吸気バルブの開く時期を早めると、閉じる時期も早まってしまう。実際には高速回転ではむしろ遅らせたいところだが、これでは早まってしまう。それでも吸気バルブタイミングは開き始めのほうが重要であることがわかっているので、可変バルブタイミング機構は有効なシステムとなっている。

　前述のように主流は油圧式だが、電動による可変機構もある。モーターと減速機構を組み合わせたものが普通で、作用角を広く取れること、低回転や低温でも作動し応答性がよいなどの利点がある。ただ、大きくなりがちで価格も高いという難点を持っている。可変バルブタイミング機構は吸気側には必須といえるが、排気側には装備してい

電動式可変バルブタイミング装置。
応答性が良いが価格は高くなる。

ないエンジンもある。これは、排気は高圧であるから自分で積極的に出ていってくれるのに対し、吸気はできるだけ入りやすくしてやる必要があるからである。

■切り替え式可変バルブタイミング（リフト）機構

　前項で述べたとおり、吸気バルブの開き始めを早めると、吸気効率の点で効果が大きいが、バルブの閉じも早まってしまうので万全とはいえない。そこで考え出されたのが、1本のカムシャフトに高速用のカムと低速用のカムの2種類を装備し、回転数や負荷によりそれを切り替える方式である。この代表例は、ホンダの「VTEC」と呼ばれた機構である。

　基本構造はカムが直接バルブを押し下げる直動式ではなく、カムとバルブの間にロッカーアームを介在させた機構である。このロッカーアームは3本あり、左右が低速用、真ん中が高速用になっている。2本のバルブは低速用の2つのロッカーアームの下にある。低速域では3つのロッカーアームはそれぞれが独立しており、左右のロッカーアームは低速用カムの動きをバルブに伝える。真ん中のロッカーアームは高速用カムの動きに

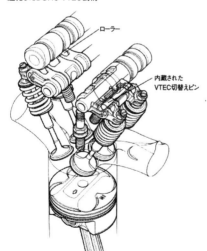

切り替え式可変バルブタイミング機構 VTEC。ロッカーアームは3つのピースからなっている（S2000の例）。右写真の下は分離して切り替えピンを見せている。3つが締結されない状態では両側のロッカーアームがカムの動きをバルブに伝える。3つが結合された状態では真ん中のロッカーアームが高速用のカム動きを受け取り、その動きを両側のロッカーアームを経てバルブに伝える。

第2章　高効率・低燃費エンジン技術

合わせて動くが、その下にバルブがないので、カラ打ちの状態となる。

　回転数が上がって高速域に入ると、独立していた3つのロッカーアームは、油圧によってピンが差し込まれ一体化する。すると低速用カムよりもリフトが高く開度も広い高速用カムの動きが、左右のロッカーアームを通じて2本のバルブに伝わるようになる。こうして高速用カムに切り替わる。

　エンジンのトルク曲線は通常では山型になるが、VTECのトルク曲線は低速側と高速側に山が2つ並んだ形になる。普通は高速型のエンジンでは低速域ではトルクが低く、逆に低速型のエンジンでは高速域ではトルクが不足してよく回らないエンジンとなる。切り替え式のバルブタイミング機構を持ったエンジンでは、広い回転域で大きなトルクを得ることができる。

　VTECは1889年にホンダ・インテグラに搭載して登場したが、その後いろいろ進化拡大した。「i-VTEC」はVTECの機構に加え吸気バルブタイミングの位相も連続的に制御するVTC（バリアブル・タイミング・コントロール）を組み合わせたもので、「i」はインテリジェントを表し、高知能可変バルブタイミング・リフト機構に発展する。

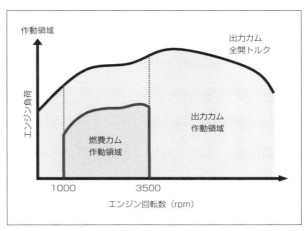

燃費カムの作動領域図。VTECは中速用と高速用の異なる2つのカムを使い分けるものだったが、2005年に発表した「1.8L i-VTEC」は通常のカムと燃費向上を狙ったカムの2つを使い分けるものだった。燃費カムは吸気バルブの開閉時期を遅らせ、シリンダーに取り入れた吸気の一部を押し戻すように働く。いわゆるミラーサイクルで、ポンピングロスが低減するとともに熱効率が向上する。燃費カムはエンジン負荷があまり大きくない1000〜3500rpmの範囲で作動する（2005年シビック）。

■連続可変バルブリフト機構の基本原理

　切り替え式の可変バルブリフト機構に対し、連続してバルブリフトを変える機構が、連続可変バルブリフト機構である。最初に実用化したのはBMWで「バルブトロニック」と命名し、2001年に316tiの直列4気筒エンジンに初搭載した。それに刺激を受け、他の自動車メーカーも新しいアイデアの連続可変バルブリフト機構を製品化したが、これについては後述する。

　ここでバルブトロニックの仕組みを説明すると、まずバルブのリフト量は基本的にはカム山の高さで決まる。直動式でなくロッカーアームを介してバルブを動かす方式では、アームのレバー比も関係するが、カム山の高さが決まれば低速でも高速でもバルブのリフト量は変わらない。これを変えるためにカムの後に、中間レバーというパーツを介在させる。この中間レバーがローラーカムフォロワ(ロッカーアームにあたるパーツ)を押し、それによりバルブを押し下げる。この中間レバーは片側だけに支点のある片持ちのレバー(カンチレバー)で、モーターによりその支点の位置関係が変化する。それによりカムと中間レバーの位置関係も変化するのでレバー比が変わり、その結果レバーが押すバルブのリフト量が変わる、というものである。

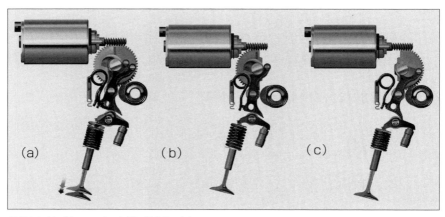

BMWのバルブトロニックの初期の機構図。(a)カムとロッカーアームの間に中間レバーを介している。ステッピングモーターで偏心カムを回転させて、中間レバーの支点を動かすことでロッカーアームへの作動量が変化し、リフト量が変わる。(b)はリフト量が小さい状態。(c)はリフト量が大きい状態。中間レバーの角度の変化に注目。

バルブトロニックはBMW車のエンジンのほとんどに採用されており、完成度が最も高いものといえる。他メーカーの可変バルブリフト機構は、コストが高くなることから採用例は限られているのが現状である。

■連続可変バルブリフトの効果

高速域では吸気量が多くなるのでバルブリフトは高いほうがよい。もちろんバルブジャンプが起きたり、ストレスがかかったり、耐久性にも問題が生じたりするので限度はある。それでも低速域よりリフトを高めるのは吸気効率の点で効果がある。しかし連続可変バルブリフトにおいては、その最大の利点はそのことではない。主要な利点はポンピングロスをなくせることにある。

普通のエンジンは、スロットルバルブの開閉でエンジンの出力をコントロールしている。負荷が小さくて出力をあまり要しない時にはスロットル開度を小さく、加速時や上り坂ではスロットル開度を大きくする。スロットル開度が大きい時にはポンピングロスはあまり発生しない。しかし、アイドリング状態や低負荷の運転ではスロットル開度は小さく、吸気は狭い通路で絞られる。狭い通路を吸気が通ることは、大きなポンピングロスを生じる。注射器で液を吸引するのに力が必要なのと同様の原理である。

連続可変バルブリフトでは、このスロットルバルブの役目をバルブ自体が行なう。小さな出力しか要しない運転条件ではバルブリフトを小さくし、大きな出力が必要なときにはバルブリフトを大きくする。連続可変だから無段階に自由に調節できる。このようにスロットルバルブを使用しなくても自在に出力調整ができる。

スロットルバルブで絞らなくても、バルブで絞るのであれば同じことではないかと思われるかもしれない。しかし、実際にはスロットルで絞るのとバルブで絞るのでは、意味合いが大きく違う。確かにバルブで絞った場合も吸気行程で抵抗力が発生する。しかし、バルブで大きく絞られたシリンダー内は負圧になっている。この負圧は次の圧縮行程でピストンが上昇するときピストンを引き上げるように働く。つまり使った力を返してもらえるのである。

吸気管途中に設けられたスロットルバルブでの絞りではこうはいかない。吸気管内の負圧は吸気バルブを閉めた圧縮行程でピストンを引き上げるのには使えず、ロスするだ

けである。

　なお、連続可変バルブリフトエンジンも、ブレーキ用のバキュームを得る目的でスロットルバルブは大抵残している。

■いろいろな可変バルブリフトシステム

　ポンピングロスをなくせる、あるいは最少に止められる連続可変バルブリフト機構は、BMWのバルブトロニックの後にいろいろなメーカーから発表され、市販車に搭載された。トヨタは2007年に「バルブマチック」を発表、ノア／ヴォクシー用3ZR-FAE型2.0L直列4気筒エンジンに搭載した。日産も「VVEL（ブイベル）」を2007年に発表し、インフィニティG37（日本名スカイラインクーペ）用VQ37VHR型3.7LV型6気筒エンジンに搭載した。さらに三菱もアウトランダー用4B12型2.4L直列4気筒エンジンに連続可変バルブリフト機構を搭載したエンジンを、2005年の第39回東京モーターショーで発表した。実際に市販車に搭載したのは、2011年のRVRやギャランフォルティスなどのSOHCエンジン4J10型「MIVEC」であった。

　国内3社のシステムはそれぞれ独自の機構を持ったものだったが、基本的な考え方はカムとバルブあるいはロッカーアームの間に介在物を入れ、それを変化させることでバルブリフト量を変化させるものだった。しかし、フィアットが2009年に発表し、フィアット

トヨタのバルブマチックエンジンのカットモデル。ヘリカルスプラインを持つスライダー（中央）が左右に動くと、それにはまっている揺動アームにねじりが与えられる。その変位がバルブのリフト量の変化になる。バルブトロニックの中間レバーに当たるのが、この揺動アームである。

第2章　高効率・低燃費エンジン技術

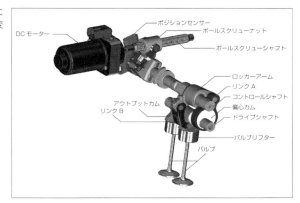

日産の VVEL の機構図。モーターにより偏心カムに回転を与え、その変位でカムのリフト量を変える。

フィアットのマルチエアの吸気バルブ駆動部のカットモデル。カムシャフトにより中央のオイルポンプが駆動してオイルが油圧チャンバーに送られる。チャンバー内の油圧はソレノイドバルブによりコントロールされ、油圧の保持と開放を行なう。油圧が保持されていればオイルは固体のように働きカムが作り出す油圧通りにバルブを駆動する。バルブを開放すれば油圧が抜けバルブはスプリングの力で閉じる。開閉の自由度は高いが油圧を捨ててしまうのでロスが生ずる欠点もある。

500に搭載したマルチエアテクノロジーは油圧を利用した、全く考えを異にしたシステムだった。これはバルブを戻すのは通常どおりバルブスプリングで行なうが、バルブの駆動はオイルチャンバーの油圧により行なう。そのため、カムプロフィールの範囲内で自在にカムの駆動をコントロールできる。例えば低いリフトで遅開け早閉じ、早閉じ、小さく2回開け等ができる。ただ、開閉の自由度は上がるものの、カム駆動で作った油圧を捨てることになるという欠点があり、やはりその後の展開はなかった。

■連続可変バルブリフトが広がらなかった訳

BMWはスポーツ系のエンジン以外ではバルブトロニックを採用しており、すでに熟成した技術となっている。しかし、それ以外の各社はその後の新エンジンに連続可変バルブリフト機構を採用することはなかった。なぜそうなったのか。第一の理由は、次項で説明するEGR技術の進展普及にある。

連続可変バルブリフト採用の最大の理由は、前述のようにポンピングロスの低減排除である。それが他の方法で簡単に安くできればそれに越したことはない。EGRは排気ガスを再循環させる技術で、通常スロットルバルブの下流に注入口がある。スロットルバルブを絞っていても、そこからEGRガスが吸収されるので、吸入行程での負圧の低下が抑えられ、スロットルバルブを少し開けたのと同じことになる。EGRガスは20〜25%にも及ぶから、ポンピングロスも減らせられるわけである。

EGRには内部EGRもある。吸排気バルブタイミングのオーバーラップを大きくすると、吸入行程に入っても排気バルブが開いていて、排気ガスが吸入される。この場合もスロットルバルブ開度が小さくても、負圧を小さくするように働き、ポンピングロスを低減する。これらEGRの技術が一般化したため、連続可変バルブリフト機構をわざわざ設ける必要がなくなったといえる。

また、ミラーサイクルが使われることが多くなっているが、これもポンピングロス低減に寄与する。早閉じの場合、閉じた後の行程でのシリンダー内の負圧は次の圧縮行程でピストンの引き上げに寄与する。遅閉じの場合は吸い込んだ吸気を吐き出すほどになるので、平均的なシリンダー内の負圧は高めになり、ポンピングロスは低減する。

このようなことから、連続可変バルブリフト機構採用の機運は消えていったものと考えられる。

■EGR

EGRは「Exhaust Gas Recirculation：排気ガス再循環装置」で、排気ガスの一部を、スロットルバルブの下流の吸気マニホールドに導いて、再度シリンダー内に吸入させるシステムである。そもそもはNOxを減らす目的であったが、今日ではガソリンエンジンのポンピングロスの低減のほうが主な目的になっている。

まず、EGRがポンピングロスの低減になる理由は次のとおりである。EGRガスはスロットルバルブの下流の吸気マニホールドに導入される。するとマニホールド内の圧力は高まるので、吸入行程でのピストンの下降に伴う負圧の発生は小さくなる。また、スロットルもやや開く方向でEGR導入量を調節するので、ポンピングロスは減ることになる。

次にEGRでなぜNOxが減るかというと、EGRガスは燃焼後の排気ガスなので酸素がきわめて少なく、シリンダー内にEGRガスが導入されると、吸気の酸素濃度は薄められる。それに合わせて燃料も減らされるので、燃焼による発熱量は下がる。NOxは高温であるほど発生しやすいので、温度が下がればNOxの発生も減る。ただ、ディーゼルエンジンと異なり、ガソリンエンジンではNOxは三元触媒により解決できるようになって

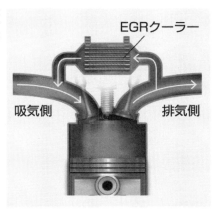

EGRの概念図。排気ガスの一部を吸気管に戻す。排気は高温でありそのまま送ったのでは吸気温度も高くなって質量が少なくなるので、間にEGRクーラーを介して冷却するのが一般的である。

EGRの実例。酸素濃度の薄い排気を吸引させ、NOxの発生を抑える。スロットルバルブの下流に導入されるのでスロットル開度を上げたのと同様の効果があり、ポンピングロスが減る。

いるので、大きな問題ではなくなっている。

　ただし、燃焼温度を下げることは重要である。高負荷、高回転域で排気ガス温度が上がりすぎると触媒に悪影響が出るので、点火時期を遅らせるとともに、燃料を濃くして温度を下げる制御が必要になり、結果的に燃費を悪化させることになる。EGRにより排気ガス温度を下げられれば、このような制御は不要になる。

　排気ガスは高温なので、直接吸気に導入するとその効果は薄くなる。そこでEGRクーラーを間に設けて排気ガス温度を下げてから、吸気管に導入するのが一般的になっている。気体は熱せられると膨張し密度が低下するが、冷却されれば密度が増すので充填効率を高めることができる。

　ところで、通常EGRというと外部EGRをいうが、前述のように内部EGRもある。これは排気後もすぐに排気バルブを閉じずに、次の吸気行程で吸気を吸い込むとともに排気ガスも呼び戻すようにシリンダーに導入するものである。排気行程の終盤では未燃焼ガスが残りがちでHC（炭化水素）が発生しやすい。これを吸引し、EGRガスとして再燃焼させることでHCを低減できる。内部EGRはバルブのオーバーラップを大きめにとることで実現するが、そのために吸気側カムだけでなく排気側カムにも可変タイミング機構を設けたりする。

■気筒休止

　気筒休止とは、多気筒エンジンにおいてその一部のシリンダーの働きを休止させるものである。別名可変シリンダーシステムともいい、燃費の改善が目的である。例えばアクセル開度が大きくなく、定速クルージングしているときには大きなパワーを要しないので、半分のシリンダーを休止させロスの減少を図り、残りの半分のシリンダーだけで走行しようというものである。

　エンジンの効率は、ある程度の負荷があり2500rpm前後の回転数の時に最大効率を発揮する。いわゆるスイートスポットがあり、負荷が小さすぎても効率は下がる。定常運転では負荷が小さすぎるが、気筒休止すると1気筒あたりの負荷が増すことで、スイートスポットに近づけられ、効率が向上する。過給機が小さなエンジンを大きく使う技術であるのに対して、気筒休止は大きなエンジンを小さく使う技術であるといえる。

気筒が休止する、というのがどのような状態かというと、ピストンは動いているがバルブ機構が動いていない状態である。そのためバルブ機構のメカニカルロスがないといえる。さらに、それより大きい効果はポンピングロスがなくなることである。

誤解されやすいが、気筒休止しているエンジンのバルブは閉じているのが正解である。バルブが開いているとシリンダー内に空気が入ったり出たりし、まさにポンピングロスが発生する。閉じているとピストンの上昇時には空気を圧縮するので抵抗になるが、下降時にはその圧力をもらって下降できるのでプラスマイナスゼロとなり、ポンピングロスは発生しないというわけである。エンジンブレーキのブレーキ力はほとんどがポンピングロスである。また、エンジンが通常の運転をしているときもポンピングロスは発生している。ただ、得られる出力から差し引かれているから体感しないだけで、冷却損失、排気損失などと並んで大きなロスとされている。

● 1980年代からあった技術

気筒休止システムは、1981年にGMのキャディラックのV型8気筒エンジンが最初に行なったといわれているが、トラブルが多くその後姿を消した。日本においては1982年に三菱ミラージュの直列4気筒エンジンで初めて気筒休止を行ない、その後1992年に三菱ギャランのV型6気筒エンジンでも採用したが、広く普及するには至らなかった。

気筒休止がよく知られるようになったのは、ホンダが2003年にインスパイアの3.0LのV型6気筒エンジンに「VCM」と称する気筒休止システムを採用したときである。VCM

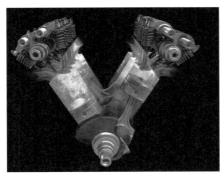 

ホンダのV型6気筒エンジンの気筒休止イメージ。走行条件により2気筒、3気筒、4気筒と休止気筒を切り替える。

は「バリアブル・シリンダー・マネジメント」の略で、エンジンの負荷が大きいときは普通に6気筒で走行するが、負荷の小さいクルージング走行では3気筒を休止し、残りの3気筒燃焼だけで走行するように切り替わる。具体的には横置きのV型エンジンの後ろ側バンクの3気筒が休止し、前側バンクの3気筒を働かせる。前側バンクを使うのは冷却性がよいことと、真下の触媒の温度保持により触媒性能の低下を防ぐためである。

その後2007年のインスパイアのモデルチェンジ時には、エンジン排気量を3.5Lにするのに伴ってVCMも進化させた。走行状態により6気筒、4気筒、3気筒の3つの燃焼モードに切り替わるようになった。4気筒燃焼では左右バンクの後端と先端、すなわち2番と5番シリンダーが休止する。この4気筒燃焼モードは、前モデルでは気筒休止にならなかった比較的高い速度域での緩やかな加速時のためのもので、高速走行時の燃費性能のさらなる向上を目指したものだった。

一方、働いている方のシリンダーは、本来の6気筒よりも4気筒や3気筒のほうがアクセル開度が大きくなるので、結果としてポンピングロスが減る。ホンダでは60%以上のポンピングロスの低減になるとしていた。ホンダが気筒休止を採用した背景にはVTECという可変バルブタイミング(リフト)機構の技術を確立していたことが大きい。この技術を使えばバルブの休止は簡単に行なえるといえる。

2001年にシビックハイブリッドが4気筒のうち3気筒を休止させるエンジンを搭載、2005年には4気筒すべてを休止するエンジンを搭載した。気筒休止している気筒ではポンピングロスが発生しないのでエンジンブレーキの効きが悪くなる。それだけフットブレーキに負担が掛かる。しかし、減速時にモーターで運動エネルギー回生をするハイブリッド車では、回生量が増すので都合がよいのである。このように、少気筒での運転を伴わない全気筒休止でも、減速エネルギー回生においては燃費向上の効果を生むのである。

気筒休止エンジンはすべてのエンジンが採用するような一般性はないものの、より強くCO_2削減、燃費向上が求められる昨今になって、気筒休止は再び注目されてきている。その後もいろいろなメーカーのエンジンに採用されて、今日に至っている。アウディ、フォルクスワーゲン(VW)、メルセデス・ベンツなど海外メーカーでの採用例も多くある。

●近年の気筒休止技術 マツダの例

　2018年には、マツダCX-5に搭載の直列4気筒2.5LのSKYACTIV-Gエンジンが1番と4番の気筒を休止するシステムを採用している。バルブを閉じた状態に固定する方法にはいろいろあるが、マツダの方式はスイッチャブル・ハイドロリック・ラッシュ・アジャスター（S-HLA）によっている。通常の状態ではロッカーアームの中央をカムが押したとき、S-HLA側を支点としてバルブ側が作用点となり押し下げられる。気筒休止の場合はS-HLAの油圧のロックピンを抜くことで、固定が外れる。そのためバルブ側が支点となりS-HLA側が作用点になる。すなわちカムはS-HLAをカラ打ちするだけでバルブは閉じたままになる。気筒休止の機構としてはそう難しいことではないが、実際の作動には多くの技術が込められている。

　休止している気筒は筒内に閉じ込めている空気が徐々にクランクケースに抜けていき、筒内が負圧になる。その状態で気筒休止から復帰すると、排気バルブが開くと同時に大量の排気ガスを吸い込み、その結果次の吸気行程で吸い込む空気量が低下する。つまり運転を続けていた気筒と休止していた気筒で筒内状態量が大きく異なる。そのままではトルクショックが大きくなり、スムーズな切り替えが実現しない。そこで、復

気筒休止システムを搭載した直列4気筒2.5LのSKYACTIV-Gエンジン。マツダCX-5に搭載。

帰時の休止気筒の排気ガス量と空気量を正しく推定し、それに応じた点火時期を決定するといった制御をしている。

　気筒休止をするとエンジンが発揮するトルクは同じでも、単気筒あたりの燃焼加振量は大きくなり、燃焼の間隔も長くなる。それにより振動が大きくなり、車室内にも振動が入ってくる。そのための対策も採られている。まず、等間隔燃焼を前提とすると、1番・4番か2番・3番のどちらの気筒を休止させるかになる。1番気筒を燃焼気筒とするとフライホイールからの距離が遠いためクランクシャフトのねじり振動が起きやすい。4番気筒も1番気筒との距離がありクランクシャフトのねじれ量の差が大きい。そこで休止する気筒を1番と4番として、燃焼する気筒を2番と4番としている。

　また、気筒休止時のNVH（ノイズ・バイブレーション・ハーシュネス）を抑えるために、トルクコンバーターに遠心振り子ダンパーを設けている。通常ではトルクコンバーターの振りダンパーの剛性低減とか質量を追加するなどにより振動を減衰させているが、トルク変動が大きい気筒休止エンジンではそれだけでは充分でない。そこで遠心振り子ダンパーを使って、エンジン振動に対して逆位相に振ることで振動を減衰している。

■アトキンソンサイクル

　エンジンの熱効率を高める方法に「アトキンソンサイクル」という手法があり、いろいろなエンジンで採用されている。4ストロークのガソリンエンジンはオットーサイクルという熱サイクルで動いているとされている。これはピストンの下降により吸気を取り入れ、次に上昇により圧縮し、上死点で瞬間的に熱の授受が行なわれ、膨張しながらピストンを押し下げ、下死点で瞬間的に熱を捨てるという理論サイクルである。この理論はドイツのニコラウス・オットーが唱えたもので、その名を冠してオットーサイクルと呼ばれ、その動作を示す容積と圧力の線図をPV線図という。実際には「瞬間的に」というのはあり得ず、PV線図の角ばったところは、実際のエンジンでは丸みを持ったものと考えられている。

　このオットーサイクルに従えば圧縮行程と膨張行程は同一の長さで、圧縮比と膨張比は等しい。燃焼ガスの圧力、温度は圧縮行程の開始時より膨張行程の終了時のほうが高くなっている。このエネルギーは廃熱として捨てられている。ちなみに、PV線図で囲まれた中の面積が運動エネルギーに変換された量とされる。

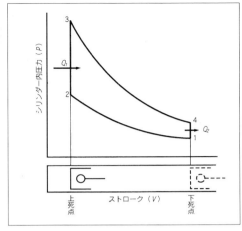

ガソリンエンジンのオットーサイクルのPV線図。これは概念図であり、実際には角は丸みを持っていると考えられている。オットーサイクルでは圧縮行程と膨張行程は同じ長さであるが、アトキンソンサイクルでは圧縮行程が膨張行程より短い。

　ここで捨てているエネルギーを少しでも取り込むために考えられたのが、アトキンソンサイクルと呼ばれる、圧縮行程より膨張行程を長くする方法である。圧縮比より膨張比が大きくなるので、発生した熱エネルギーをより多く運動エネルギーに変換でき、熱効率が上がるわけである。

　この理論はジェームズ・アトキンソンにより提唱されたことから、アトキンソンサイクルと呼ばれている。しかし、実際に4ストロークエンジンの圧縮行程と膨張行程の長さを変えるというのは複雑な機構を必要とする。ホンダでは発電機用のエンジンでこれを実用化しているが、複雑なゆえに重く、大きくなりがちであり、自動車用としては向いていない。

■ミラーサイクル

　アトキンソンサイクルをより簡単に実現したのが「ミラーサイクル」と呼ばれるものである。これを提案したのは米国人のラルフ・ミラーでその名が付いているが、内実は「ミラー方式によるアトキンソンサイクル」というべきものである。実際にはミラーサイクルもアトキンソンサイクルも一般的には同じものとされている感がある。

　ミラーサイクルがどのようにしてアトキンソンサイクルを実現しているかというと、それはバルブの開閉時期によっている。この方法には2通りあり、ひとつは吸気バルブを極端に遅閉じにする方法で、もうひとつは早閉じする方法である。これにより実際の圧縮行

程を短くする。もちろん通常でも吸気バルブが閉じるのはピストンが下死点を過ぎてからとなる。これは吸気にも慣性力があり、下死点を過ぎてピストンが上昇し始めても慣性過給の効果で吸気がシリンダー内に入ってくるためである。遅閉じミラーサイクルではそ

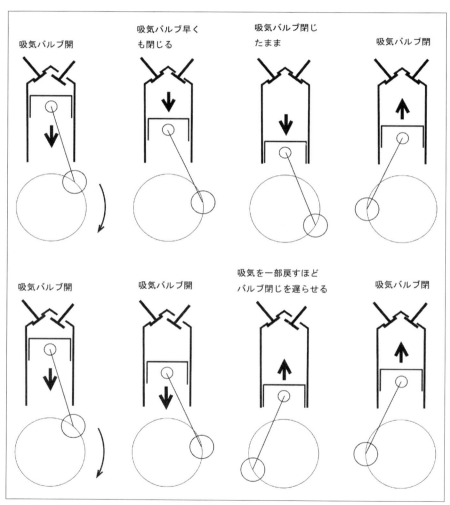

ミラーサイクルには吸気バルブの早閉じ（上）と遅閉じ（下）がある。早閉じではポンピングロスは小さいが吸気の量を多く取り込めない。遅閉じは吸気を一部吸気ポートに戻すようになるが、慣性過給もあるので吸気量は早閉じよりも多い。

れよりさらに遅く、一度吸い込んだ吸気を吐き戻すほどのタイミングである。

一方、早閉じミラーサイクルではピストンが下死点に行く前に吸気バルブを閉じてしまう。これの利点は吐き戻すといったムダがなく、早く閉じてしまうので吸気行程が短くポンピングロスが小さいことにある。ただし、早閉じでは慣性過給の効果は期待できないので、取り込まれる吸気量は少なくなる。

遅閉じにしても早閉じにしても、吸入吸気量は通常より少なくなる。これは大きいエンジンを小さく使うことといえる。2000ccのエンジンを1600ccとして使うようなものである。ただし、出力は小さくなるが、熱効率としては高くなる。これが狙いとなっている。

ミラーサイクルエンジンはエンジン容積の割に出力が小さいことから、大抵がターボチャージャーを装備したり、ハイブリッドと組み合わせたりしてモーター出力を加えることで出力を補っている。今日の本格的ハイブリッド用エンジンではほとんどがミラーサイクルを採用しているといってよい。

なお、ハイブリッド用エンジンでは、圧縮比が13前後と高い数値になっていることが多い。圧縮比が普通のエンジンと同じくピストン位置で決まるので、高い数値になるが、圧縮圧としてはそれほど高くないので、ノッキングは起きにくい。

■HCCI

HCCIとは「Homogeneous-Charge Compression Ignition：予混合圧縮着火」というもので、ガソリンエンジンでディーゼルエンジンのように圧縮着火させるものである。HCCIは理想の燃焼形態であるとされ、世界中で研究開発が行なわれたが、なかなか実績のある結果が出せない状況が続き、HCCIの実現は無理ではないか、との意見が出る状況もあった。しかし、マツダが完全なHCCIではないが、HCCIを含む燃焼技術を搭載した「SKYACTIV-X」を2019年に商品化すると発表したことで、HCCIはあらためて注目の的となった。

HCCIの最大の特徴は燃焼室のあらゆるところから同時多発的に着火・燃焼が始まることにある。予混合された混合気が圧縮されていき、圧縮熱が高まったある時点で多点着火するが、着火させるために圧縮比は高く設定する。高圧縮なので必然的に熱効率が高い。また、基本的に希薄燃焼だから燃料は有効に燃焼に使われる。スロッ

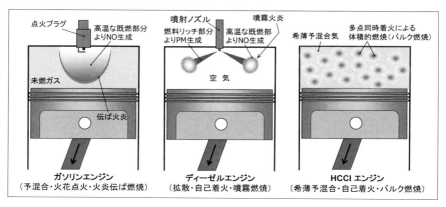

HCCIはガソリンエンジンながらディーゼルエンジンのように圧縮着火するが、このとき直接噴射で火炎を伝播させるのではなく、予混合により同時多発的に着火させる。効率の高い理想的な燃焼が得られるが、課題は広い速度域や負荷域で実現するのが非常に難しいことである。

トルバルブがないので、ポンピングロスがないのはディーゼルエンジンと同じである。燃焼温度が低いので排気損失と冷却損失も小さい。さらにピストン位置が高いところで同時多発的に燃焼が始まるので、燃焼圧力が有効にピストンに伝えられる。これを「時間ロス」が少ないという。

このような利点がありながら実用化に至らなかったのは、燃焼のコントロールが難しいからである。燃焼室内の温度は低すぎると失火するし、燃料の濃さも安定燃焼に大きく影響する。そのため限られた狭い回転域と負荷域ではHCCIを実現できても、広い領域では実現することができない。HCCIの課題はまさにここにある。

ガソリンエンジンでは点火プラグで点火することで燃焼が始まる。もし希薄燃焼を狙ったとしても、点火プラグの周辺の混合気を着火させるためにある程度の濃さが必要となる。一度着火してしまえば、後はその熱と圧力で希薄な混合ガスも燃焼する。しかし燃焼温度が高い希薄燃焼ではNOxが発生するが、空燃比に大きく機能が作用される三元触媒は、希薄燃焼ではNOxの浄化ができない。そのため、一時追求された希薄燃焼からストイキ燃焼（理論空燃比による燃焼）に変わってきたといえる。

しかし、HCCIではNOxの排出がそもそもほとんどないので、三元触媒を気にせ

ず希薄燃焼を追求できる。そのためには大量の空気をシリンダーに送り込む必要があり、過給エンジンが基本になる。希薄混合気の中のガソリンは圧縮による熱で加熱され、自己着火する。火花点火でなく自己着火だから濃い混合気は必要ない。しかし、実際に自己着火させるには相当な高温が必要である。ガソリンは燃えると大きなエネルギーを出すが、軽油に比べ着火性は低いから、圧縮比も通常の12〜13程度ではなかなか安定して着火する環境にならない。ディーゼルエンジン並みに、かなり圧縮比を高める必要がある。また、普通はインタークーラーで冷やして送るEGRもそのまま送ったり、内部EGRで高温の排気ガスを取り込んだりといったことが考えられる。

　ところで、ディーゼルエンジンはもともと圧縮着火だから、HCCIの実現に近い位置にいるといえる。しかし、予混合でないので燃料を噴射しても燃料は均一化されていない。噴霧の先の方の霧化が進んだあたりから燃焼が始まり、順次広がっていく。コモンレール式で2000気圧を超える高い圧力での燃料噴射は霧化を促進し、大量のEGRを送り込んで着火を遅らせるなどHCCIの条件に近づく要素もあり、一部の領域ではHCCIを実現しているところがある。しかし、限られた領域だけでの実現ということでは、課題はガソリンHCCIと変わらない。

■マツダのSPCCIとSKYACTIV-X

　2017年8月にマツダはHCCI技術を使ったSKYACTIV-Xを2019年に商品化すると発表し、そのとおり同年12月、マツダ3に搭載し実現した。さらに2020年1月にはCX-30にも搭載した。

　マツダのSKYACTIV-XエンジンはHCCI技術を使った新技術「SPCCI（Spark Controlled Compression Ignition）：火花点火制御圧縮着火」が要である。広い領域では成り立たないHCCIを、スパークプラグを補助的に使うことで領域を広げるとともに、HCCIが成り立たない領域は点火プラグによる通常の燃焼を行なうというものである。

　まず領域拡大では、自己着火する雰囲気に近いながらも着火に至らない情況では、点火プラグを使って点火する。すると、一気に火炎伝播して燃焼が始まるのではなく、「膨張火炎球（エアピストン）」が発生し、ゆっくりと広がっていく。燃焼室内の混合気はこの膨張火炎球の膨張によりさらに圧縮が進みHCCI成立の条件に入っていくことに

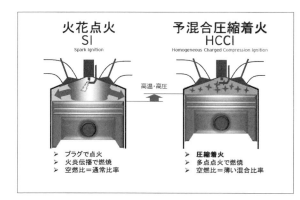

SI（火花点火）とHCCIの違い。SIは火炎伝播で燃焼するのに対しHCCIは同時多点点火で燃焼する。

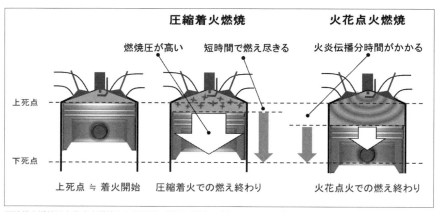

圧縮着火燃焼は火花点火燃焼より短時間で燃焼し燃焼圧が高い。有効にピストンに力が伝わる。

なる。

　実際の燃焼形態は3種ある。その1は理論空燃比の混合気による火花点火の一般的なストイキといわれる燃焼。その2はストイキの混合気に大量のEGRを送り込むSPCCI燃焼である。EGRは外部と内部のEGRを使って最大35％にも及ぶ。ただしEGRには酸素がほとんど含まれていないので、空燃比としてはストイキといえるものである。その3は最も理想的な、超希薄といえる混合気を燃焼させるリーン燃焼である。

　この3種類の燃焼モードを、エンジンの運転領域や吸気温度、水温条件で切り替え

第2章　高効率・低燃費エンジン技術

る。理想のリーン燃焼の実際の運転領域は回転数で1200〜3500rpm、負荷で10〜40%で、それほど広くはないが、通常のエンジンの最も効率の高い領域と似ている。この範囲で運転するならHCCI燃焼に基づく高効率な燃焼が得られ、高い燃費性能を示すことになる。

比較的高回転や高負荷といった領域では、大量EGRによるSPCCI燃焼になる。こ

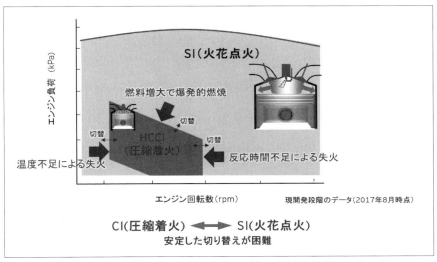

従来のHCCIの課題は、HCCIが可能な領域が狭く、火花点火燃焼への切り替えが困難であったことである。

SPCCIはSIを制御因子としてHCCIとの切り替えをスムーズに行なう。

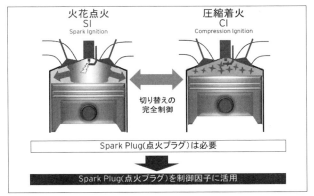

43

の燃焼領域が全体からするといちばん大きな領域になる。このモードはEGRがカギになるが、低温低圧の外部EGRはスーパーチャージャーにより押し込むことで大量EGRを達成している。

通常のストイキ燃焼は、アイドル運転領域を含む1000rpm以下と5000rpm以上、もしくは負荷がフルスロットル近くの場合の運転領域において行なわれる。また、吸気温度が－15℃以下もしくは冷却水の温度が約10℃以下の条件では回転数や負荷にかかわらず通常ストイキ燃焼となる。

このようにSPCCI燃焼によるSKYACTIV-Xエンジンは画期的な技術が盛り込まれたエンジンである。ただし、費用対効果の点から広く普及するのには難しい状況にある。

■希薄燃焼（リーンバーン）

スパークプラグ点火で膨張火炎球（エアピストン）を作り、その圧力で圧縮着火を促進させる。

SPCCIは火花点火制御による圧縮着火で、HCCI燃焼とSI燃焼の相互の移行をスムーズに行なうもの。高度な技術だがコストは高くなる。

第2章　高効率・低燃費エンジン技術

ガソリンを燃焼させるのに、どれだけの空気量が必要かを比率（重量比）で表したものを理論空燃比といい、それは14.7:1とされている。単に14.7ともいう。この14.7を$\lambda=1$として1より数値が小さければリッチ（濃い）、大きければリーン（薄い）ことになる。リーンバーンはλが1以上であることだが、$\lambda=2$以上はスーパーリーンバーンということもある。

理論空燃比である$\lambda=1$での燃焼をストイキ燃焼というが、今日のほとんどのエンジンはストイキ燃焼で運転されている。ストイキとはストイキオメトリー（化学量論）という化学用語に由来する略語である。このストイキ燃焼に対して希薄燃焼のメリットを挙げると次のようになる。

まず、ストイキ燃焼では燃焼温度が2600K（絶対温度）と高いが、燃焼速度が遅くなる希薄燃焼ではこれを下げることができる。その結果として燃焼室壁面からの冷却損失が低減できる。また、希薄燃焼では空気量が多いのでスロットル開度は大きくなり、ポンピングロスを低減できる。

さらに、希薄燃焼は比熱比が高くなるので、熱効率が高まる。熱効率は次式のように圧縮比と比熱比が高いほど向上するからである。

熱効率$=1-(1/\varepsilon)^{k-1}$

　ε：圧縮比　　k：比熱比

なお、比熱比とは定圧比熱（圧力一定での比熱）と定積比熱（体積一定での比熱）の比である。空気の比熱比が最も高いが、希薄混合気は空気に近づくので、ストイキ混合気よりも比熱比が高くなる。

さらに、希薄燃焼はNOxの排出を大幅に減らすことができる。これはNOxの排出量は$\lambda=1$を超えた直後に最大値になるが、その後はリーン（希薄）になるにつれ大幅に減っていくからである。三元触媒はリーン（希薄）ではNOx低減の効果がなくなるが、その分排出自体が減るので、別途高価なNOx除去触媒を使用する必要がなくなる。

希薄燃焼の技術開発は古く、その始まりは1973年のホンダシビックに搭載された「CVCCエンジン」といえる。これはディーゼルエンジンをならった副燃焼室を持ったエンジンで、そこから勢いよく出る火炎で主燃焼室の希薄混合気を安定燃焼させるものだった。また、1996年に三菱自動車がGDI（燃料直接噴射）という希薄燃焼エンジンを市場に投入している。ところが、当時の技術ではススの発生で悩まされたほか、強

45

化されたNOx規制に対応が困難になり、やがて市場から消えてしまった。

しかし、熱効率向上のためには希薄燃焼は理想的であり、これからの技術とされている。HCCIはその典型であるが、マツダのSKYACTIV-Xエンジンや2020年に投入されたスバルレヴォーグ用CB18型エンジンも全域ではないものの希薄燃焼を採用したエンジンといえる。

■副燃焼室方式

希薄混合気を確実に燃焼させる技術としてホンダのCVCCエンジンの例を挙げたが、希薄燃焼を追求することで副燃焼室方式が再び脚光を浴びている。その先陣を切ったのはフォーミュラ1（F1）のエンジンで、すべてが採用するに至っている。そして超希薄燃焼に向かう技術として、副燃焼室エンジンがすでに開発され始めている。

副燃焼室というとディーゼルエンジンで使われた技術を思い浮かべる方もおられるかもしれないが、それは過去の技術といってよい。現代の火花点火エンジンの副燃焼室は形態がだいぶ異なっている。点火プラグが奥に引っ込み、そこの穴が副燃焼室になる。穴はキャップでふさぐが、そこには複数の穴が開けられており、主燃焼室とつながる。燃料の噴射はポート噴射と筒内直接噴射の2通りあるが、直接噴射のほうが制御

副燃焼室を持ったスパークプラグ。中に副燃焼室があり、そこで点火された炎が先端にいくつかあけられた穴から吹き出し、シリンダー内の混合ガスに多点点火する。

幅は広い。噴射のタイミング、量、回数などいろいろだが、圧縮行程の終わりのあたりで少量を噴くことで、濃い混合気が穴を通って副燃焼室に入る。ここで、点火プラグで点火すると、副燃焼室で燃焼が起こり、穴から主燃焼室に火炎が勢いよく噴射される。この勢いで希薄な混合気も燃焼をする。

　副燃焼室にもうひとつの直噴インジェクターを設けて、副室燃焼を独立して行う方式もある。このように副燃焼室に燃料を噴く方式をアクティブ式、噴かない方式をパッシブ式という。F1ではインジェクターは気筒あたり1つと決められていたのでパッシブ式だが、アクティブ式のほうが制御の幅が広がり、よりよい燃焼を追求しやすい。なお、発電用の大型ガスエンジンでは、副室燃焼は主流の方式としてすでに広く普及している。

■水噴射

　エンジンの燃焼に対して水を噴射するのが「水噴射」で、これからのエンジン技術として注目されている。水は火を消すものとの常識からすると、奇異な感じを受けるかもしれないが、一部実用化も始まっている。

　量産エンジンに初めて採用したのはBMW M4 GTSで、ボッシュによる技術であった。この場合、水は吸気ポートに噴射する。水はすぐに蒸気になるが、その時の気化潜熱で吸気の温度が下がる。そのためシリンダーに入る空気量が増え、充填効率が向上する。燃焼温度が下がるので冷却損失の低減にもなる。蒸気はH_2Oだが原子に分離することなく、燃焼行程が終わればそのまま排出され、燃焼そのものには関わらない。

　また、日本でも超希薄燃焼に水噴射を利用する研究が行なわれ、その効果が実証されている。これは国家プロジェクトである「SIP革新的燃焼技術・ガソリン燃焼チーム」の研究として実施されたもので、従来のガソリンエンジンの水噴射の多くが水を吸気ポートに噴射していたが、これは筒内に直接噴射する方式を採っている。ポート噴射の場合、混合気は比較的均一に冷却されるため燃焼速度は大きく低下する。超希薄燃焼の場合、これでは燃焼が不安定になってしまう。そのため、燃焼室内のピストン表面近くに水を噴射し、低温水蒸気層を形成することにより、燃焼を悪化させることなく冷却効果を得られる新たな燃焼法（層状水蒸気遮熱燃焼）を実証した。

水噴射は特に高負荷域でのノッキング抑制、冷却損失低減の低減、吸気効率の向上など、熱効率向上の技術としてこれからさらに広がりを見せると思われる。

■**可変圧縮比**

　圧縮比とは、燃焼室の容積と行程容積を足したものを燃焼室容積で割った値のことである。通常、圧縮比は設計時に決められた値で一定であるのが普通だが、可変圧縮比エンジンは行程の長さを運転中に変化させ、圧縮比を変えるものである。

　世界初の可変圧縮比エンジンは、2016年に米国で発売された日産のインフィニティQX50に搭載されたKR20DDT型2.0L直列4気筒エンジンで、VCターボエンジンと呼称した。VCは「Variable Compression Ratio」のうちRatioを省略したもので、可変圧縮比を表している。その後、KR15DDT型1.5L直列3気筒エンジンも開発され、米国でローグ（エクストレイルの姉妹車）に搭載された。そして、2022年7月に国内で発売になったエクストレイルにはVCターボエンジンが搭載された。

　そもそも、可変圧縮比に関しては世界中で研究は進められてきており、ピストン頂部

可変圧縮エンジンの断面写真。コンロッド大端部が直接クランクシャフトにはまるのではなく、間にリンクが介在する。

第2章　高効率・低燃費エンジン技術

を油圧で持ち上げたり、コンロッドの長さを変えたりするアイデアはあったが、実用化には至らなかった。これを日産はマルチリンクを使って実用化した。可変圧縮比エンジンを量産実用化したのは世界で日産だけである。

　エクストレイルは、国内ではe-POWER車だけであるが、海外では通常のエンジン駆動車である。両者は同じKR15DDT型でも、エンジンの使い方が大きく異なる。e-POWER車用は発電用エンジンであり、基本は同じとしてもそのための専用設計で、セッティングも進化させており、すでに第2世代のVCターボエンジンといわれるものになっている。

● 可変圧縮の仕組み

　熱効率は圧縮比を上げるほど高まる。できるだけ圧縮比を上げたいのだが、上げ過ぎるとプレイグニッションなどの異常燃焼が起きて、ノッキングを発生してしまう。ただ、ノッキングが起きやすいのは高負荷や高回転時で、定常運転では圧縮比を高めに取ることが可能である。すなわち理想は運転状況により圧縮比を変えることにあった。それを成し遂げたのがこのVCターボエンジンである。圧縮比は14〜8まで無段階に変化する。

エクストレイルに搭載された
e-POWER用KR15DDT
型可変圧縮エンジン。

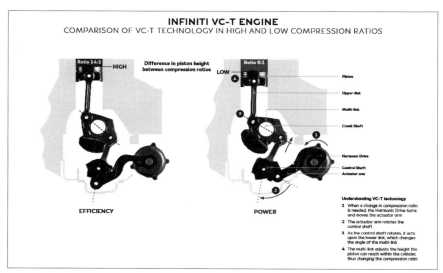

可変圧縮の原理。アクチュエーターによりLリンクの角度を変え、その変位が圧縮比の変化になる。コンロッドの長さが変わるのと同様に作用する。

高効率の定常運転では14、高負荷・トルクを要する運転では8まで落とす。

　可変圧縮比をどのような手法で実現したかというと、BMWのバルブマチック（連続可変バルブリフト機構）と同様に、変位を伝える中間にもうひとつ部品を介在させている。すなわち、ピストン→コンロッド→クランクシャフトとなるところを、ピストン→コンロッド→マルチリンク→クランクシャフトとしている。このマルチリンクが可動することでピストンの行程の長さに変化を与える。

●コンロッドが真っ直ぐ下がる

　マルチリンクは中央がクランクシャフトにはまっており、その左右に接合部があり、片方はコンロッドと接合しロワー（L）リンクを構成、もう片方は変位を与えるロッドと接合してコントロール（C）リンクを構成している。Cリンクはアクチュエーターが作った変位を、マルチリンクを介してLリンクに伝えてストローク量を変える。

　マルチリンク自体は日産の特許ではないが、その配置に日産の特許技術がある。普通のエンジンではコンロッドの下側（大端部）が左右に大きく振れるためピストン側面には

サイドフォースが掛かり、フリクションが大きい。このサイドフォースを減らすために、ボアに対しわずかながらクランクシャフトをオフセットし、サイドフォースを減らすものもある。だが、このVCターボではマルチリンクによりピストンの下降行程でコンロッドはほぼ真っ直ぐに下りるようにしている。そのためピストンのサイドフォースの発生が大幅に減っている。リンクの接合部が増えるのでフリクションが増えるのではないかとも思えるが、このサイドフォース減のおかげで20%ほどフリクションロスが小さいという。

フリクションでいえばバルブリフターにDLC（ダイヤモンドライクカーボン）を施しているのは普通だが、さらにナノメートル単位の細かい油だまりの溝をレーザーで彫ることで、フリクションの低減を図っている。また、カムジャーナルにボールベアリングも使っている。

●6気筒に近いバランス

ピストンにサインカーブを描かせるマルチリンクは回転バランスの向上にも寄与している。単振動が起きているが、180度クランクの4気筒では上下の慣性力が重なり合ってしまいバランサーを必要とするが、120度クランクの3気筒ではリンク質量のヨーモーメントにより一次バランサーを不要とすることができている。クランク軸のトルク変動も小さくなり、6気筒ほどではないが、感覚的に5気筒以上の振動になっている。これも特許技術という。

●高いEGR率

圧縮比と並んで熱効率を上げる要素に比熱比もある。EGRは比熱比の低下になると思われがちだが、クールドEGRでも通常の吸気よりは温度が高く比熱比を上げる要素になっている。しかしEGRは過給エンジンでは掛けにくいということがある。そこで、安定してEGRを供給するためにアドミッションバルブというものをコンプレッサーとエアクリーナーの間に設けて、これにより圧力差を付けてEGRが入りやすいようにしている。EGR率はMAXで20%という。当然ながらEGRは燃焼温度を下げ冷却損失を減らすとともにポンピングロスの低減にもなっている。

通常のクランクのエンジンでは、ピストンは上で早く折り返し、下では遅く折り返す。VCエンジンではマルチリンクの配置によりピストンの動きがサインカーブを描くようにしてお

り、通常のエンジンより上でゆっくり折り返す。このため燃えにくいところもしっかり燃焼させることができるとともにEGRも掛けやすい。よく混合したガスをしっかり燃焼させることで、燃焼効率を上げている。

なお、4気筒では直接噴射とポート噴射を併設していたが、3気筒ではより噴射圧の高い直接噴射だけとしている。またインレットポート形状を変えたり、ピストン頂面を滑らかにしたりしてタンブル比を4気筒より上げ、混合気のミキシングをよくしている。

●e-POWER用ならではの特徴

VCエンジンでは圧縮比を下げてパワーを出せるので、回転数を上げることでパワーを稼ぐ必要がない。普通では4000rpmで出すパワーが、トルクが出ているので2600rpmで出せる。これは低騒音にもなっている。

e-POWER用の発電専用エンジンということでは、このVCターボエンジンはほとんどを定点運転する。そして電動車であるということから、エンジン補機などで省けるものもあった。オルタネーター、エアコンプレッサー、ブレーキ用の真空倍力装置、バルブタイミングコントロール、リサキュレーションバルブなどを省かれ、その分コストの低減になっている。e-POWER用のKR15DDT型はレスポンスがよく、低振動で効率よく発電するように仕上げられたエンジンといえる。

■発電用としてのロータリーエンジン

トロコイド型ハウジングに三角形のローターを組み合わせた、ロータリーエンジンを発明したのはドイツのフェリックス・ヴァンケルで、自動車・バイクのメーカーだったNSUと共同で開発した。この技術には世界の自動車メーカー、エンジンメーカーが注目し、日本でもトヨタ、日産、ヤマハ、ヤンマーなどがライセンス契約を結び開発を進めた。その中でも最も熱心だったのが当時の東洋工業、後のマツダであった。

マツダが開発に苦労したのはハウジングに生じる波状の摩耗(チャターマーク)で、原因であるローター頂点のアペックスシールの共振を抑えるためにシールの材質、形状に多くの試行錯誤を重ねた。そしてついにその問題をクリアし、1967年にロータリーエンジン搭載車コスモスポーツを発売する。その後大衆車ベースのファミリアロータリー

クーペを発売するとともにカペラ、サバンナ、ルーチェなど、ロータリーエンジン搭載車を市場投入した。

しかし、1973年の石油ショックで、燃費の良くなかったロータリーエンジン車は受難の時代を迎えてしまう。しかしその間にも改良は進められ1978年に初代RX-7を発売、そして2代目、3代目とRX-7は続き、ロータリーエンジンはスポーツカー用エンジンとして花開いた。その後マツダは経営危機に陥りフォード傘下に入るなどあったが、2003年にはRX-8が発売される。しかし2013年に販売が終了するとロータリーエンジンの市販車はなくなってしまった。

そのような情況ながら、マツダは2013年末にロータリーエンジンによるレンジエクステンダーに関する技術説明会を開いた。これはすでに官庁や企業にリース販売していたデミオEVに、発電用の小型ロータリーエンジンを搭載することで航続距離を伸ばそうとい

2013年にマツダは発電用の小型ロータリーエンジンを積んだデミオEVについて技術発表した。いわゆるレンジエクステンダーである。

レンジエクステンダーのシステム。左側にロータリーエンジンと発電機が縦軸置きに配置。下方は鏡になっており下部を見せている。

小柄ロータリーエンジンの分解写真。330ccの1ローターである。

うものである。エンジンは330cc、1ローターで、出力は22kW／4500rpm、発電機にはベルトで2倍に増速して動力を伝えるものだった。吸排気ポートが外周部にあるペリフェラルポート型で、エンジンは水平に設置されている。これは出力軸を垂直にすることでトランクスペースを減らさない工夫である。燃料タンクは9リットルで航続距離を約2倍の400kmに伸ばしたというものだった。しかし、そのデミオEVレンジエクステンダーが発売されることはなかった。

　2023年1月のブリュッセルモーターショーでマツダはMX-30 e-SKYACTIV R-EVを初公開した。そして同年9月には「MX-30 Rotary-EV」を国内でも受注を開始し、11月に発売を開始した。車名が若干異なるが、これはすでに2年前に登場していたマツダ初の市販BEVである「MX-30 EV」のPHEV版といえるものであり、デミオEVの場合と異なり、レンジエクステンダーではなく純粋なPHEVで、最大の特徴は新開発のロータリーエンジンによるシリーズハイブリッドであることである。

　そもそもMX-30 EVは搭載電池容量が35.5kWhと小さめであったが、MX-30 Rotary-EVではそれをさらに半減した17.8kWhとした。200kmあった航続距離は107kmに下がるが、通勤や買い物などの日常使用ならエンジンを動かさずに走行できるレベルにある。これに50Lの燃料タンクを備えたロータリーエンジンの発電ユニットが備わっており、実質800km以上の航続距離を持っている。エンジン、ジェネレーター、駆動モーターは同軸上にあり、コンパクトに配置されている。

　充電はACの普通充電とDCの急速充電の両方に対応している。また、V2L（Vehicle to Load）やV2H（Vehicle to Home）といったクルマからの給電機能を持っている。すなわち荷室に1500Wまで対応のAC電源を設置しているのと、フロントコンソールに走行中使用可能な150WのAC電源を設置している。また、建物に設置した充放電器に接続することで、クルマから建物への電力供給を可能としている。これは停電時に有効であるとともに、災害時に安心感が得られる。満充電の電池と満タンの燃料によるロータリーエンジンの発電により、約9日分の家庭電力の供給を可能としている。

　なお、このロータリーエンジンはこのPHEVのために新開発した8C型である。最高出力53kW/4500rpm、最大トルク112Nm/4500rpm。駆動モーターは最高出力125kW、最大トルク260Nmである。

第2章　高効率・低燃費エンジン技術

発電用ロータリーエンジンを積んだ PHEV の MX-30 Rotary-EV。バッテリー容量が 17.5kWh とある程度の大きさがあることからレンジエクステンダーではなく、PHEV になる。

MX-30 Rotary-EV に搭載された新開発の 8C 型ロータリーエンジン。

MX-30 Rotary-EV の透視図

　RX-8に搭載された13B型と比較しながらこの8C型をみると、排気量は13B型の654cc×2ローター(1308cc)に対し、8C型は830cc×1ローターである。トロコイド寸法にはe値(偏心量mm)、R値(創生半径mm)、b値(ハウジング幅mm)があるが、偏心量e値はエキセントリックシャフト軸中心とローター中心間の距離で、創生半径R値はローター中心とアペックス頂点間の距離である。ハウジング幅b値は言葉どおりで、レシプロエンジンにおけるボアに相当すると考えるとよい。

　その数値を比べると、以下のようになる。

	e 値	R 値	b 値
13B	15.0	105.0	80.0
8C	17.5	120.0	76.0

　マツダのロータリーエンジンは10A型、12A型、13B型、20B型と進展してきたが、このトロコイド寸法は同じであった。したがって8C型は新設計のロータリーエンジンだが、実は2009年の東京モーターショーで発表された16X型と同じe値とR値のトロコイド寸法を持っていることから、その発展型であるといえよう。

　なお、13B型はポート噴射であったが、8C型は直噴（燃焼室内直接噴射）である。高圧での直噴は燃料の微粒化ができることで、燃焼に良い結果をもたらす。圧縮比も13B型の10.0から8C型では11.9にアップしている。吸排気はサイドポートで、これは後期の13B型と変わらない。変わったのはサイドハウジングが鋳鉄からアルミ合金になったことで、15kgの軽量化にもなっている。またEGRシステムの採用は冷却損失の低減になるとともに燃費の向上に貢献している。さらにトロコイド表面やサイドハウジングの表面処理により摩擦抵抗の低減をも図っている。

　ロータリーエンジンは完全な回転運動ではなく揺動回転だが、レシプロエンジンのような往復ピストン運動に比べると振動は少なく、静粛性に優れるので、元々静粛性の高いモーター駆動車と相性が良い。

■2ストロークエンジン

　かつてはバイクをはじめ船外機、スノーモビル、さらに軽自動車でも使われた2ストロークエンジンだが、現在は市販車両のエンジンとしては全く使われていない。しかし、エンジン技術の進化により汎用エンジンでは今日も使われているばかりか、改めて2ストロークエンジンが見直され、シリーズハイブリッド車の発電用エンジンなど、自動車用としての視野も含めて研究開発が行なわれている。

　そもそも、2ストロークエンジンが消えていったのは、強まる排ガス規制、燃費規制に対応できなくなったからである。それは2ストローク特有の掃気行程に問題があったからで、掃気行程は排気ガスが排出される終盤に、新気が排ガスを押し出す形で行なわれる。新気は燃料と空気の混合気であり、その一部が排気ガスと共に排出されてしま

２ストロークエンジンの行程。シリンダー内での圧縮行程を行なっている時に、下のクランクケースでは吸気行程を行なっている。膨張行程でピストンが下降するとクランクケース内の吸気が圧縮される。ピストンが下がってまず排気ポートが開き排気ガスが排出される。次に掃気ポートが開き、クランクケースで圧縮されていた吸気が残っている排気を追い出すようにシリンダー内に入る。ピストンの上下２ストロークで１サイクルを終える。

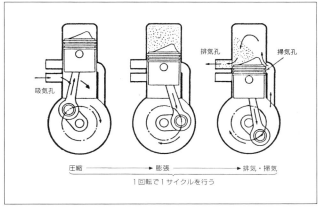

ういわゆる「吹き抜け」が生ずる。これが排気ガス規制と燃費規制に対応できなくなった大きな理由である。しかし、その後の技術進化により、掃気行程の重大な欠点を解消することが可能になった。ここではそれについて紹介したい。

　自動車用エンジンとして使用されなくなったため、最近は２ストロークエンジンについての解説が書物にあまり見られなくなったので、ここでおさらいしておこう。２ストロークエンジンはピストンの上昇行程では４ストロークエンジンと同様にシリンダー内では圧縮を行なうが、同時にピストン下のクランクケースで吸入を行なう。上死点付近で点火し、燃焼行程に入りピストンが下降、出力を発生する。この時クランクケース内の新気は１次圧縮される。やがてシリンダー壁に設けられた排気口が開き圧力の高い排気ガスが排気口から排出される。排気の大部分が排出され圧力の下がったあたりで掃気ポートが開き、クランクケースで１次圧縮されていた新気がシリンダーに噴き出し、残りの排気を追い出すとともにシリンダー内に新気を充満させる。次のピストンの上昇行程でその新気を圧縮する行程に入り、１サイクルを終える。すなわち、ピストンの上昇行程と下降行程の２行程（ストローク）で１サイクルを終えるので、２ストロークエンジンといわれる。

　なお、正確には２ストロークサイクルといわれるもので、略して２ストロークという。２サイクルエンジンとも略される場合もあるが、１サイクルを２ストロークで行うという意味からすれば、２ストロークエンジンと略すほうがふさわしい。

2ストロークエンジンの特徴は、まず毎回燃焼行程があるので、4ストロークエンジンの2倍の出力を出せる可能性を持つこと。実際にはロスがあるので2倍にはならないが、1.6倍以上が期待できる。また、吸排気のバルブ機構がないのでシンプルで小型軽量である。一方で欠点として先に挙げた排ガスや燃費が4ストロークより悪い。

　なお、2ストロークエンジンの潤滑は当初はガソリンに潤滑オイルを混ぜた混合油を使うのが普通であったが、オイルを燃やすことによる排気ガスの悪化があることから、その後4ストロークエンジンと同様にオイルポンプを使った分離給油が普及した。

●次世代2ストロークエンジン

　実はすでに2000年頃から実用化されたのだが、2ストロークの弱点である掃気に大きな改善があった。それは層状掃気方式といわれるものである。これは混合気を吸入するポートとは別に空気を吸入する吸気ポートを持ち、これはピストン溝を通って掃気通路につながっている。したがって吸気時に掃気通路は空気で満たされるので、掃気時には混合気より先に空気が排気を追い出す形になり、吹き抜けを大幅に減らすことができるものだった。

　その後は燃料噴射を使うことでこれをさらに進化させた吸気方式があり、すでに汎用エンジンでは実用化されている。層状掃気方式は吹き抜けを大幅に減らすことができたが、さらに減らすには空気量を増やす必要がある。しかし、あまり多くすると気化器の霧化が充分にできなくなり、燃焼に問題が出る。そこで、新吸気方式ではクランクケース内で燃料噴射を行ない、そこで混合気を形成する。空気の吸入は掃気通路からのみ行なうので、先導空気は充分に確保でき吹き抜けが大幅に削減できるとともに、混合気の形成も改善でき燃焼効率も高まる。さらに、従来の層状掃気では圧縮比は7.0〜7.5程度が限界であったが、新方式では10程度にアップすることが可能になり、熱効率の大幅な向上が実現できている。さらに圧縮比12をも視野に入れて開発されているという。

第2章　高効率・低燃費エンジン技術

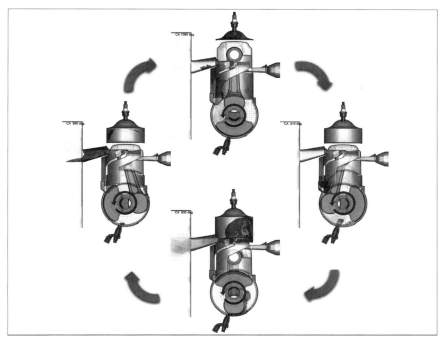

次世代2ストロークエンジン。掃気を混合気で行なうため吹き抜け分が多く効率も排気ガスも悪かった従来の2ストロークエンジンに対し、掃気初期に空気掃気を行なうことで改善。自動車用ではないが燃料噴射によりさらに空気量を増やすことで効率アップしたやまびこ製2ストロークエンジンの作動図。

■対向ピストンエンジン

　対向ピストンエンジンは水平対向エンジンとは全く異なり、ひとつのシリンダーの中に2つのピストンが向かい合って入っている。燃焼室は向かい合ったピストンの間になるので、ほぼシリンダーの中央になる。作動は2ストロークで、基本は圧縮着火だが、火花点火も考えられる。クランクシャフトは向き合うピストンの外側にあるので、2本になる。その2本はギヤやチェーンでつないで1本の出力軸にまとめる。場合によってはそれぞれに発電機をつなぐといった使い方もできる。

●基本構造と作動

　ひとつのシリンダーに上下（あるいは左右）から2つのピストンが対面するように入る。

59

その間が燃焼室になる。シリンダーには吸気（掃気）用と排気用のポートが窓のように空いており、ピストン壁で開閉するいわゆるピストンバルブ方式となっている。ピストンが互

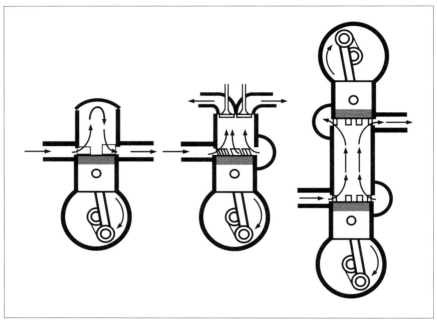

2ストロークエンジンの掃気方法。左は通常の掃気。中はディーゼルエンジンで使われている流れが一方向のユニフロー。右は対向ピストンエンジンの掃気。ユニフローの一種。

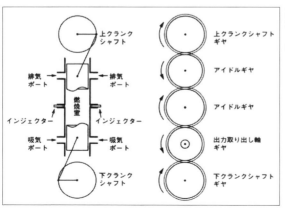

対向ピストンエンジンの基本構造と動力の取り出し方の例。100年以上前に考案された方式だが、今見直されて研究が進められている。

60

いに中央に向かうと圧縮が始まり、圧縮行程中に燃料を噴射、充分に圧縮したところで圧縮着火、または点火プラグで点火する。燃焼行程ではピストンが後方に押しやられ動力を得る。やがて上のシリンダーの排気口が開き排気行程に入る。遅れて下の吸気ポートが開いて過給機で過給された新気が送り込まれ、その新気が排気を追い出すようになるユニフロー（単一方向への流れ）になる。こうして2ストロークが完了する。

●復活の要因

　実はこの対向ピストンエンジンは100年以上も前に考案されたものである。ルドルフ・ディーゼルがディーゼルエンジンを発明したわずか10年後の1907年に、同じドイツ人のヒューゴ・ユンカースが特許を取得している。ユンカースとは後に発展して航空機メーカーとして有名になったあのユンカースである。航空機エンジンとして用いられたほか、自動車用としても使われ、日本でも「UDトラックス」の前身である「日本デイゼル工業」が1938年（昭和13年）から1955年までライセンス生産していた実績もある。

　この対向ピストンエンジンが、現代になってアメリカのベンチャー企業や日本の研究機関で研究開発が進められている。それは新たな要素技術の進展により、その素性の良さが見直されてきたからだといえよう。

　その利点を挙げると、以下のようになる。

①2つのピストンが燃焼室を共有するため、S/V比（燃費室表面積と燃費室容積の比）が小さく冷却損失が少ない。

②対向ピストンのストロークは2つのピストンの和になるので、クランク半径を大きくせずにロングストロークと同じ効果が得られる。

③ロングストロークの効果を低いピストンスピードで得られ、フリクションロスが少ない。

④作動が対称のレイアウトであり、振動を低減できる。

　ハイブリッド車ではエンジンが高効率を発揮する回転数と負荷で運転するようにしているが、特にシリーズハイブリッドなどの発電専用エンジンでは、これらの利点を生かしてさらなる発展した対向ピストンエンジンができる可能性を持っている。

ディーゼルエンジン技術

　ディーゼルエンジンは1892年にルドルフ・ディーゼルが発明した往復ピストンのエンジンで、ガソリンエンジンとの違いは火花点火でなく圧縮着火であることである。それと関連して燃料は軽油が使われる(自動車用の場合)。圧縮行程で発火点を超える温度に圧縮された空気に燃料を噴射することで自己発火、燃焼させるが、圧縮比が高くポンピングロスが小さいことから熱効率はガソリンエンジンよりも数%以上高いとされている。またガソリンエンジンとは排出ガスの種類も異なり、特にPMとNOxが問題となる。

■高圧多段噴射

　かつてのディーゼルエンジンは高圧燃料ポンプで燃料を各インジェクターに送る方式だったが、今日ではコモンレール式が普通になっている。コモンレールは高圧に耐える筒状の鋳物で、ここに燃料ポンプで高圧にした燃料を溜めておき、ここから各気筒のインジェクターに送る方式である。蓄圧式なので回転数によらず常に高圧が得られ、2000気圧(20MPa)以上にもなっている。

　コモンレール式による超高圧に加えインジェクターの性能も向上し、超微粒化による良好な混合気を自在に作れるようになった。現代のディーゼルエンジンは通常5段ほどの

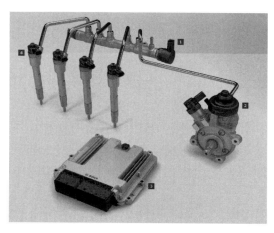

コモンレール式の構成パーツ。①コモンレール、②高圧ポンプ、③コントロールユニット、④インジェクター。コモンレール内がいつも高圧に保たれており、回転数に関わらず高圧噴射ができる。

第2章　高効率・低燃費エンジン技術

多段噴射を行なうが、運転状況によりさらに増やすこともある。メイン噴射の前後にわずかな噴射をするが、それぞれに大きな意味がある。典型的にはパイロット噴射、プレ噴射、メイン噴射、アフター噴射、ポスト噴射といったものである。

いちばん最初のパイロット噴射は、圧縮行程の終わりに近い上死点前60度あたりで少量の燃料を噴く。圧縮途上なのですぐには着火せずに予混合が進み、この燃焼で燃焼室の温度が上がりよい燃焼を生む。次のプレ噴射はメイン噴射の直前に噴射され、メイン噴射の着火遅れを小さくするほか、燃焼初期の圧力上昇を緩やかにしてディーゼルノックといわれるガラガラ音を減らす効果がある。また、PMやNOxの発生を抑える効果もある。なお、プレ噴射といわずメイン噴射前の噴射はすべてパイロット噴射とする

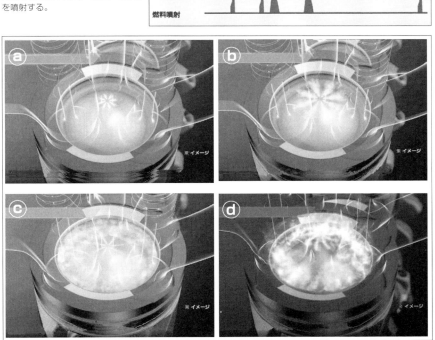

多段噴射の例。最適燃焼、騒音振動抑制などのため何回にも分けて燃料を噴射する。

多段噴射のイメージ画像。a：パイロット噴射、b：プレ噴射、c：メイン噴射、d：アフター噴射

言い方もある。

　メイン噴射は出力を出す噴射だが、この噴き方も最初から一気に最大吐出にするのではなく、立ち上がりを緩やかにするなどの制御を行なう噴射もある。メイン噴射直後のアフター噴射は燃え残った燃料を完全に燃焼させるために行なう。これは排気ガスのクリーン化にもなる。最後のポスト噴射は行程の中ではだいぶ遅いタイミングで噴射される。これはシリンダー内の燃焼ではなく、排気ガスの後処理装置の温度を上げるための噴射で、DPF（ディーゼル・パティキュレート・フィルター）に溜まったススを燃やす働きをする。

　ディーゼルエンジンの燃料噴射はさらに高い圧力、さらに多い噴射回数を持つシステムも登場している。よりよい燃焼により、排気ガスの低減と振動騒音の改善を図っている。

　一般にガソリンエンジンより5%くらい熱効率が高いのは、前述したように高圧縮比とスロットルバルブを使用しないためポンピングロスがないことなどによる。また、ガソリンエンジンよりCO_2の排出が少ないのが特徴である。しかし、VWによるディーゼル車の排気ガス不正事件以来、ディーゼル車の信頼は損なわれ、一気にEV化の方向に舵が切られてしまったのである。

■ディーゼルエンジン用触媒

　ガソリンエンジンで問題となる排気ガスはCO、HC、NOxで、これらは三元触媒が1980年初頭に実用化されたことで事実上解決できた。ディーゼルエンジンではPM（粒子状物質）とNOxが問題になるが、これは三元触媒では対応できない。そこで、ディーゼルエンジンではPM用としてDPFが使われている。これは格子状の部屋を設けて、そこを排気ガスが通過するような構造になっていて、微細な穴を通るときにPMを補足する。濾過紙で不純物を濾すのと同じ原理である。ただ、補足したPMはそこに溜まっていくので、そのままでは目詰まりを起こす。そこである程度PMが溜まったら高温にして燃焼させる。その時期や燃焼温度はコンピューターで制御されている。

　一方NOxに対しては、尿素SCRという触媒を使うのが主流になっている。SCRとはセレクティブ・キャタリティック・リダクション（選択式還元触媒）の略称である。尿素SCRは尿素水を排気経路に噴霧し、加水分解によりアンモニアを発生させ、そのアンモニ

64

アで酸素と結びついた窒素NをSCR触媒で還元し、無害な窒素と水に分解するものである。噴霧する尿素水は純水に高純度の工業用尿素を溶かした無色透明の無害な水溶液で、通称「アドブルー」と呼ばれている(ドイツ自動車工業会の登録商標)。このアドブルーは走るたびに消費されるので定期的な補充が必要だが、普通は定期点検時に補給すればよいレベルであるほか、ユーザーがボトルを買って自分で補充することもできる。

　NOxに対する触媒には尿素SCRだけでなく、NOx吸蔵触媒もある。これは触媒表面にNOxを吸着させるもので、吸着したNOxが満杯になったらポスト噴射によりリッチ状態で燃焼させて還元する。ただ、定期的に濃い燃料を噴射するので燃費悪化の懸念があり、浄化率も尿素SCRには及ばないとされている。

　ディーゼルの排気ガスでもCOやHCが排出される。そのため酸化触媒も使用する。それほど大きな容積ではないので、DPFに組み込んで一体としている例も多い。

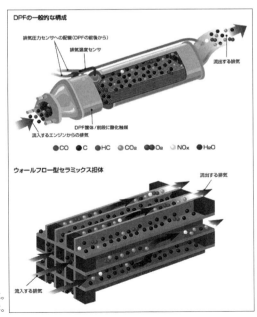

上：PM除去のためのDPF触媒の一般的な構成。
下：DPF触媒ウォールフロー型セラミック単体。

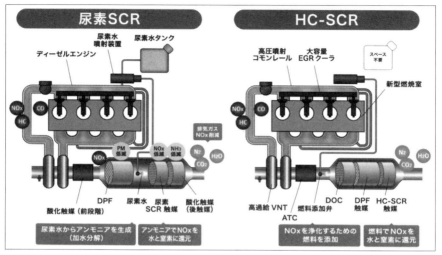

NOx除去のための触媒。尿素SCR触媒と、尿素水タンクが不要なHC-SCR触媒。尿素水はアドブルーと呼ばれる水溶液で、走行すると消費するため定期的な補充が必要。

ハイブリッド技術

■ハイブリッドの分類と有用性

●ハイブリッドの分類

　ハイブリッドとは「複合」の意味で、ハイブリッド車は通常エンジンと電気モーターを組み合わせたシステムを搭載したクルマをいう。ハイブリッドシステムにはいろいろな種類がある。最もポピュラーな分類の仕方として、シリーズ型、パラレル型、シリーズパラレル型という3つに分ける方法がある。

　シリーズ型とは直列を意味するが、その意味通り、シリーズ型ハイブリッドはエンジンは発電に専念する。その発電した電気で駆動モーターを回して走行したり、バッテリーに充電したりする。

　パラレル型は並列を意味する。したがってパラレル型ハイブリッドはその意味するように駆動モーターで走るほかエンジンによる駆動も行なう。モーターだけによるEV走行もできるが、エンジンとモーターが協調して走るのを基本としている。

シリーズパラレル型ハイブリッドは前2者の機能を併せ持つもので、エンジンは発電だけに使うこともできれば、直接駆動に使うこともできる。情況によりいかようにも使い分けできるシステムである。

なお、ここでいうモーターは発電機を含む意味である。モーターと発電機は基本的に同じものであり、モーターに電気を流せば回転するし、モーターに回転力を加えれば発電する。ハイブリッドカーが減速するときモーターが発電することでエネルギー回生するが、まさにこのことである。したがってもっぱら発電の任を持つものもモーターとしている。

●ハイブリッドの有用性

ハイブリッドシステムの有用性はいろいろあるが、まずはエンジンが不得意とするスタートから低回転域をモーターが替わって受け持ったり、補なったりすることができることである。これにより動力性能も効率も大幅に上げることができる。エンジンの特性はある回転数と負荷のところで最大効率を発揮する。これをスイートスポットと呼んだりするが、それから離れると効率は落ちる。モーターはこれを押したり引いたりしてスイートスポットに近づける働きをする。

例えば加速や上り坂で負荷が大きすぎる場合は、モーターが駆動力をプラスしてエンジンの負荷を下げる。逆に下り坂で負荷が小さすぎる場合はモーターが回生（発電）して負荷を増やす。これでエンジンは効率の高い領域で運転できる。パラレル型ハイブリッドの場合はまさにこのスイートスポットでのエンジン運転を可能にする方式である。

シリーズ型では、最初から充電を目的とするエンジンは最大効率で運転すれば効率よく充電できる。ノートe-POWERの場合、回転数は2300rpmくらいで最大効率が得られる。ただし、バッテリー残量や運転感覚などから、必ずしもスイートスポット運転をしないこともある。こうしたセッティングの仕方で車両の性格付けもできる。

ハイブリッドの有用性のもうひとつに、ハイブリッドはモーターの使い方で4WD車にしやすいという面がある。旧来の4WD車というと、プロペラシャフトで動力を後車軸に伝えるのが普通であった。しかし、モーターを後車軸に設ければ、FF車ベースで簡単に4WD車ができてしまう。電気配線だけで動力を後輪に伝えられるわけである。これもハイブリッド車のひとつの形態である。

■2モーター式と1モーター式ハイブリッド

　実は、ハイブリッドの最も現実的で分かりやすい分類法として、2モーター式か1モーター式かで分ける方法がある。2モーター式のほうがよりきめ細かな制御が可能であり、それだけ高度なシステムであるといえる。基本的にはトランスミッションは持たず、持ったとしてもリダクションギヤとして2段切り替え程度のものである。ただし、ルノーE-TECHハイブリッドのような例外はある。

●2モーター式ハイブリッド

　2モーター式は一般分類のシリーズ型とシリーズパラレル型に分かれる。

　シリーズ型は日産のe-POWERに代表されるが、機構としては単純なようだが多様な制御が可能で、効率の高い走行ができる。ダイハツがe-SMART HYBRIDとして追随したのも基本的な素性の良さがあったからであろう。

　シリーズパラレル型はシリーズ型とパラレル型の両方式の機能を併せ持つものだが、実際の走行では低・中速域ではシリーズ型としてセッティングされているものが多い。このことからも、シリーズ型の可能性の高さがうかがえる。シリーズパラレル型はエンジンが発電だけでなく、直接駆動するモードを持っているのが特徴であるが、どのような場面で使うかというと高速走行時である。高速はモーターが苦手としている領域であり、ここではエンジンの駆動力を直接駆動輪に伝えて走行する。

　1997年、最初に乗用車用ハイブリッドシステムとしてプリウスに搭載して登場した「THS」がシリーズパラレル型であった。トヨタが初めて開発したハイブリッドシステムが

世界で初めて実用化したハイブリッドを搭載した初代プリウス。1997年。

第2章　高効率・低燃費エンジン技術

この複雑な2モーター式であったことは、特筆すべきでもある。その後、2013年に三菱とホンダが相次いで2モーターハイブリッドを登場させる。しかも、その機構は基本的には両社とも同じ方式といえるものであった。これは偶然であったのだが、トヨタ以外の方式で技術を突き詰めていったら「同じところに辿り着いた」ものといえよう。

●1モーター式ハイブリッド

　1モーター式ハイブリッドの最もオーソドックスなタイプは、エンジンとトランスミッションの間にモーターを挟むものである。これはプリウス以前の1991年に日野がトラック、バスで実証テストした方式であり、ホンダが初代インテグラに搭載した「IMA」というタイプのハイブリッドもこの方式である。その後内外の数々のハイブリッド車に採用されている。

　1モーター式ハイブリッドの特徴は、必ずトランスミッションを必要とすることである。

　1モーター式ハイブリッドのもうひとつのタイプは、ベルト駆動でエンジンやトランスミッションとつなぐものである。古くはトヨタクラウンがマイルドハイブリッドとして一時期搭載したことがあったが、オルタネーターを使用するという考え方で進めたのは日産セレナであった。オルタネーターに発電とモーターの機能を持たせた機構を、日産は「エコモーター」と称した。

　それと同様のものをスズキでは「ISG（インテグレート・スターター・ジェネレーター）」と呼び、そのシステムを「S-エネチャージ」とした。それ以前の「S」のつかない「エネチャージ」はアイドリングストップからのエンジン再始動用電源としてISGを働かせて充電していたが、駆動は行なわなかった。「S-エネチャージ」ではわずかながらも駆動も行ない、エンジンアシストの機能も持たせた。この日産、スズキとも電源電圧は12Vであり、モーター出力も2kW程度であり、マイルドよりさらに小さいマイクロハイブリッドと称するのがふさわしい。

　このベルトでエンジンとモーターをつなぐ方式は簡便なわりに効果が高いとして、欧州では48V仕様のものが考えられた。電圧が4倍になることでモーターの出力も上がり、10kW以上となってハイブリッドシステムの一角を占めるようになった。これがいわゆる「マイルドハイブリッド」といわれるものである。

　電源電圧48Vとリチウムイオン電池の組み合わせは、ベルト駆動にこだわらないいろ

いろな形式のハイブリッドが提案されるようになり、今日に至っている。60V以上の電圧では配線などに感電予防の厳しい条件が課されるが、48Vならそれがないことがメリットになっている。

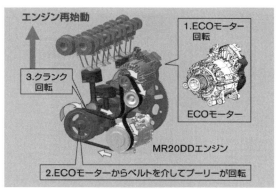

オルタネーターを発電機としても使い減速時のエネルギー回収を図った日産セレナのECOモーターシステム。

ECOモーターと同様のスズキのISG(インテグレート・スターター・ジェネレーター)。当初は再始動用だけであったが「S-エネチャージ」に発展させわずかながら駆動力にも使うようにした。

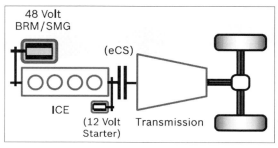

通常の12Vとは別途48V電源でベルト駆動を行なう方式が、欧州から始まり普及した。

第2章　高効率・低燃費エンジン技術

■各社のハイブリッドシステム

●プラネタリーギヤを巧みに使ったトヨタのTHS

　トヨタのハイブリッドシステム「THS」は「THSⅡ」に進化し、効率もいっそう向上している。このTHS方式は独特の機構を持ったハイブリッドシステムである。最も特徴的なのは「動力分割装置」を使って、どのような運転状況にも対応するハイブリッドシステムとして仕上げたことである。この動力分割装置の実体はプラネタリーギヤ（遊星歯車）のセットである。プラネタリーギヤセットは中心のサンギヤ、外側のリングギヤ、その中間に

トヨタの2モーター式ハイブリッドTHS。これはFFのヤリス用でコンパクトにまとめられている。モーター（発電機）が2つ並び、その前にプラネタリーギヤセットが配置されている。

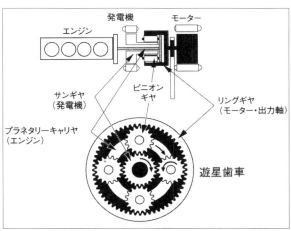

THSの機構説明図。外側のリングギヤは車輪につながり、複数ある中間のプラネタリーギヤはプラネタリーキャリアで結ばれており、その公転がエンジンとつながる。自転そのものは直接作動には関係ない。中心のサンギヤは発電機とつながる。発電機がモーターとして作動するのはエンジンの始動時のみで、モーターとエンジンのコントロールですべての走行状態を作る。

71

複数個挟まるプラネタリーギヤの3要素からなっている。複数のプラネタリーギヤは自転しながら公転もするが、それらはプラネタリーキャリアでつながっていて、キャリア自体は公転する。公転するプラネタリーキャリアはエンジンとつながっている。中心のサンギヤは発電機とつながっており、外側のリングギヤは駆動モーターとつながっている。

ところでプラネタリーギヤにおける動力伝達はデフ（ディファレンシャルギヤ）と似ている。デフもエンジンからの動力を左右の車輪に振り分けるが、片輪が空転してしまうともう一方の車輪に動力が伝わらない。また、負荷のかけ方によっては回転数に違いを持たせることができる。プラネタリーギヤセットも同様で、3つある要素を巧みに使い、エンジンやモーター、そして発電機を自在に操って走行する。

THSの作動の実体は理解しにくいが、動力分割装置がどのように動力を使い分けているのかを表わした「共線図」を見ると分かりやすい。サンギヤ、プラネタリーキャリア、

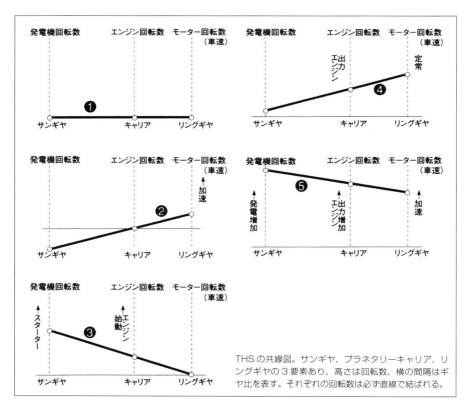

THSの共線図。サンギヤ、プラネタリーキャリア、リングギヤの3要素あり、高さは回転数、横の間隔はギヤ比を表す。それぞれの回転数は必ず直線で結ばれる。

リングギヤの3要素は互いにかみ合っているので、1要素だけが勝手に回転するということはなく、必ず1要素、または2要素に影響を与え、回転することになる。

共線図の縦軸は回転数で、横軸にサンギヤ（発電機）、キャリア（エンジン）、リングギヤ（モーター）の3要素を置く。その間の距離はギヤ比で決まる。3要素は直線で結びつき、折れ曲がることはない。

①3要素すべてが0回転、すなわち停止状態である。

②モーターで発進した状態。エンジンは停止したままで、逆に発電機が回転して発電、負荷を作り出している。

③停車したままエンジンを始動した状態。発電機はこの時だけモーターとして働く。

④モーターとエンジンの両方で駆動する定常走行の状態。エンジンとモーターの駆動状態で発電機の回転数は変わる。

⑤モーターとエンジンで加速状態。エンジン回転数を高め、モーターも低回転から高回転に向かう。

モーターが低回転ほど発電機の回転数が上がり発電量が増える。その電力がモーターに注がれ駆動トルクを高める。これが電気式CVTといわれるもので、変速機はないが変速しているといわれるゆえんとなっている。

THSがすぐれているのは効率の高さだけでなく、クラウン、レクサスLSといった大型乗用車からヤリスのような小型乗用車まで、またFR車からFF車にまで対応できることにある。小型車にも対応できるということは、コストを抑えられるシステムであるともいえる。

●高効率を追求したホンダのe:HEV

ホンダはトヨタに続いて1999年に「IMA」と呼ぶ最初のハイブリッドシステムを初代インサイトに搭載して発売した。これはエンジンとトランスミッションの間にモーターを挟んだオーソドックスな1モーター式ハイブリッドであった。ただしクラッチがモーターの前側にないためエンジンとモーターは切り離しができず、モーター駆動や減速回生時に常にエンジンを連れ回すことになり、ロスが出ていた。

なぜモーターの前側にクラッチを設けなかったのかは、横幅が大きくなるというエンジンルームへの搭載上の問題があったからである。そのためにエンジンの摺動抵抗を減

らす工夫をしたり、ポンピングロスを減らすために気筒休止をしたりと対策は施したが、限界はあった。

しかしその後2012年、ホンダはトヨタのTHSに対抗する高効率な2モーターハイブリッド「i-MMD」を発表する。その時点で世界最高効率を謳い、2013年にアコードに搭載して発売した。

ホンダフィットは従来「i-DCD」という1モーター式ハイブリッドシステムを搭載していたが、2019年のモデルチェンジをした際に2モーターの「e:HEV」を搭載した。このe:HEVは実はi-MMDのシステムそのもので、名称を変更したものだった。ホンダは1モーター

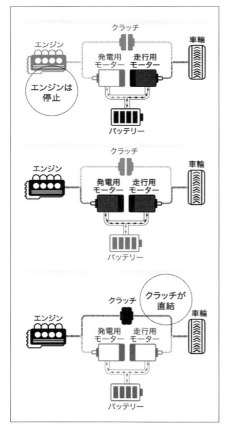

ホンダの「e:HEV」の機構と作動図。上：バッテリーの電源のみでモーター駆動。いわゆるEV走行である。BEVの状態。中：エンジンで発電した電源でモーターを駆動。シリーズハイブリッドの状態。下：エンジンと車輪の間のクラッチを締結し、エンジンの駆動力を直接車輪に伝える。エンジン駆動状態。これにバッテリー電源によるモーター駆動が加わる場合もある。

式はやめ、2モーター式のe:HEVでいくことにしたわけである。その基本構造はシリーズパラレル式で、通常はほとんどシリーズ走行するが、モーターの効率が落ちる高速ではエンジンが直接駆動もする。リダクションギヤはあるが、5速程度の固定ギヤ比である。低速はモーターがカバーするが、無段変速しているのと同じとして、トヨタ同様「電気式CVT」といっている。これは発電用のエンジンの回転数は変わらないが、駆動用モーターの回転が無段階で変わっていくからである。

走行モードは「EVドライブ」「ハイブリッドドライブ」「エンジンドライブ」の3つがある。EVドライブはエンジンを停止したままバッテリー電力で走る。ハイブリッドドライブはエンジンが発電をしてその電力で走るシリーズハイブリッド走行。エンジンドライブはエンジンのトルクをクラッチを介して直接駆動輪に伝える。この状態では普通のエンジン車に近いが、実際にはエンジンにとって効率のよい領域、いわゆるスイートスポットで運転すべく、モーターがトルクを加えて負荷を減じたり、逆に発電することで負荷を増加させたりしている。

●三菱のPHEVシステムはシリーズパラレル

ホンダアコードと同時期の2013年に発売した三菱のSUVアウトランダーPHEVは4WDで、リヤにも独立したモーターを持っている。すなわちフロントにハイブリッド機構、

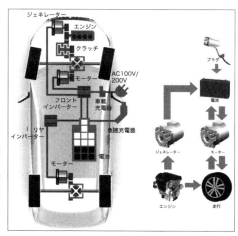

三菱のアウトランダー用ハイブリッドシステムは前輪と共に後輪にもモーターを備えた4WD方式。その前部だけを見るとホンダの「e:HEV」と基本となる機構は偶然にも同じである。できるだけバッテリー走行し、電源が足りなくなればシリーズハイブリッドとして走行するとともに充電し、再びバッテリー走行するようにしている。

リヤにEV機構を持っているといえる。そのフロントだけを見ると、そのシステムは2モーター式ハイブリッドである。そしてその機構は前述のようにホンダのe:HEVと基本的に同じといえるものである。

　三菱はこのハイブリッド方式にトヨタやホンダのように名前を付けていないので、取りあえずここでは三菱方式としておく。その走行モードもホンダと同様3つある。

①EV走行モード（バッテリー電力だけでの走行）

②シリーズ走行モード（エンジンで発電した電力での走行）

③パラレル走行モード（エンジンの駆動力も使った走行）

　プラグインハイブリッドとして大きめのバッテリーを搭載したアウトランダーPHEVは、できるだけEV走行で走り、電力量が足りなくなるとシリーズハイブリッドとして駆動するとともに、積極的にバッテリーに電力を溜める。ある程度溜まったらEV走行に切り替える。その繰り返しで走行する。

■シリーズ型のe-POWER

　EVにとりわけ期待を掛けていた日産は、ハイブリッドに大きな注力ができず、エンジンとトランスミッションの間にモーターをはさむオーソドックスな1モーター式のパラレル型ハイブリッドを持つだけであった。ところが2016年11月、追加車種として「e-POWER」と称するシリーズ型ハイブリッドを搭載したノートを発売した。このノートe-POWERが空前の大ヒットとなり、セレナにも搭載、さらにその後登場した、キックスやオーラにも搭載した。日産では今後さらに車種を広げていく方向である。

　日産がe-POWERを出すに至った背景には、リーフによりBEVの弱点を感じたからといえる。航続距離も充電時間も気にせずに、静かで力強く滑らかなBEVの良さを感じられるクルマ、ということで行き着いたものであり、結果的に、すべてのクルマが一気にBEVに行き着くのではなく、やはり当面ハイブリッドを生かしながら、CO_2削減に向かうことの妥当性があったわけである。

　e-POWERはシリーズ型ハイブリッドであるが、この方式は2モーター式であり1モーター式よりも、より細かな制御が可能で、高効率が得られることはすでに述べた。また、e-POWERの優れたところは構成するエンジン、モーター、バッテリー、インバーターと

静かで力強いモーター走行の良さを生かしながらBEVの弱点を克服する方途として採用されたシリーズ型ハイブリッドの「e-POWER」。エンジンは1198ccのHR12DE型で発電、2モーター式なので高度な制御が可能。ノートに初めて採用され大ヒットした。

「e-POWER」とBEV、従来型ハイブリッド（パラレル型ハイブリッド）との違い。

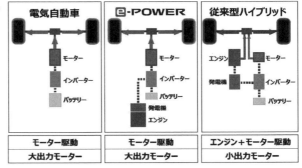

いった主要パーツが、いずれも新開発ではないところにあった。それはリーフがあってのものだが、在来のものを利用しているので、低コストで作り上げることができた。これで手軽に電動車の乗り味を味わえるわけである。他がほとんどやらなかったシリーズ型ハイブリッドに目を付けたその発想が成功のもとである。

　これまでシリーズ型としては、トヨタのコースター（マイクロバス）の例がある。しかし当時は鉛電池の時代であり長く続くものにはならなかった。そもそもシリーズ型が広く採用されなかったのは、高速走行ではモーターの効率が落ちるからであった。しかし、高速移動が多い欧米と違い、日本では中低速が主で高速道路でもほとんど100〜110km/h程度であり、それほど大きなマイナスにはならない。中低速域ではシリーズ型が高い

効率を発揮することは、ホンダのe:HEVや三菱のアウトランダーPHEVができるだけシリーズ状態で走るように制御していることからも分かる。

　ここでは当初のノート用e-POWERのパッケージングについて紹介する。シリーズ型ハイブリッドということで、使用しているのはエンジン、発電用モーター（ジェネレーター）、駆動モーター、バッテリー、そしてインバーターが主なパーツである。これにこれらの機能を補完するパーツが加わる。

　エンジン、発電モーター、駆動モーターはギヤボックスを介して一体に組み立てられており、パッケージ化されている。ギヤボックスといっても通常のトランスミッションではなく、発電用の増速機、駆動用の減速機である。モーターの回転数はエンジンと比べると非常に高く、エンジンで発電機を回すには増速する必要があり、また、駆動用モーターで車輪を回すには大幅な減速が必要であるからである。インバーターは駆動モーターの上部に配置されるが、パワートレインとは別体で車体に固定されており、駆動系の振動を直接受けることはない。発電モーター、駆動モーターとはそれぞれ三相ハーネスで接続されている。

　バッテリーパックは前席シート下に配置できるようにコンパクトに設計されている。シート下への配置により、エンジン車と変わらないキャビン、ラゲッジスペースを確保できている。また、エンジン車と共通の骨格内側にバッテリーパックを配置したので、新たな骨格部材を追加することなく高電圧部品保護と乗員の安全を両立している。

　エンジンは直列3気筒のガソリンエンジンで、排気量は1.2LのHR12DE型だが、発電専用にモディファイされている。バッテリーはリチウムイオンタイプだが、航続距離よりもクイックな加速レスポンスを重視して高出力タイプを採用している。バッテリーのセルの総数は80セルで、1.47kWhの容量を持っている。同時期の初代リーフ後期型では30kWhのバッテリーを積んでいたから、約20分の1の容量になる。重量も当然軽くなっている。

　なお、冷却はバッテリーパック内に専用の空冷システムを持っている。発電モーター、駆動モーター、それにインバーターはエンジンの冷却系とは別の独立した水冷システムを持っている。

　このように、e-POWERは、EVに発電用エンジンと発電用モーターを追加し、逆に

第2章　高効率・低燃費エンジン技術

バッテリーの容量を大幅に減らすとともに充電器を削除した構成になっている。充電システムを発電システムに替えている訳だが、駆動システムはリーフと同じ制御構成である。それにより、リーフで築き上げてきたモーター駆動制御技術と部品を共有できている。

BEVのリーフをベースに転換を図って生まれたe-POWERだが、その後進化して2020年12月発売のノートから第2世代e-POWERと称している。その進化点はより小型化した一体型インバーター、出力を高めて燃費を向上させたエンジン、トルクを10％アップさせたモーターの3点で、これに第1世代で蓄積したデータを活用したソフトウエア制御により、より力強く、より静かな走りを追求したものになっている。

さらに2023年発売のセレナは、e-POWER専用として開発したHR14DDe型エンジンを搭載した。これはそれまでのHR12DE型のストロークを伸ばし、1.2Lから1.4Lに排気量アップしたエンジンで、圧縮比も12から13にアップしている。また燃料噴射方式もポート噴射から直噴に変更した。可変バルブタイミングを排気側にも適用し、大流量EGRも可能としている。ロングストローク化による振動増には、エンジン本体の剛性向上、1次バランサーシャフトの設置、フレキシブルフライホイールなどにより対応している。なお、フレキシブルフライホイールは剛性の低いフレキシブルプレートを追加することで、クランクシャフトの曲げ共振を分散させ、パワープラントの共振点と重なるのを回避するものである。

これらに加え、静かに走行したい目的地をカーナビ設定しておくことで、その周辺で

セレナ e-POWER 用の HR14DDe 型エンジンは HR12DE 型のボアをそのままに、ストロークのみを伸ばして排気量を235ccアップした。ロングストローク化したことでタンブルを有効に使い効率が高まっている。

79

EV走行をする「先読み充放電制御」も世界初採用している。さらに路面状態を検知し、荒れた路面では発電（エンジン始動）し、滑らかな路面では発電しないといった制御も行なっている。

● ルノーのE-TECHハイブリッド

2022年にルノーが全く新しく開発した新形式のハイブリッド「E-TECH」を搭載したアルカナ、ルーテシア、キャプチャーを国内で相次いで発売した。分類でいうと2モーター式のシリーズパラレル型ハイブリッドだが、従来のハイブリッドと違ってドグクラッチによる多段クラッチが付くという、新形式のハイブリッドである。

欧州のハイブリッド方式はエンジンとトランスミッションの間にモーターを挟む方式か、FF車の後輪にモーターを設けるものか、あるいは48Vのモーターをベルトでつなぐものがほとんどで、いずれも1モーター式である。そもそも2モーター方式がなかった（かつてBMWアクティブハイブリッドX6がメルセデスとGMとで共同開発した2モーター式ハイブリッドを搭載したことがあったが、一代で終わってしまった）。すなわち、今回のルノーアルカナ以前は、欧州ではきめ細かな制御が可能な2モーター式ハイブリッドを持っていなかった。

E-TECHは、今までにない形式の2モーター式ハイブリッドだが、その性格は1モーター式ハイブリッドに近いといえる。

1モーター式のハイブリッドでは、必ずトランスミッションを持っている。エンジンとトランスミッションの間にモーターを挟む方式をはじめ、他の方式を考えても、必ずトランスミッショ

E-TECHハイブリッドの分解図。メインモーターとサブモーターたるHSGの2モーター方式の独自ハイブリッドである。2モーター式だがトランスミッションを有する。通常の摩擦式クラッチはなく、変速にはシンクロメッシュでなくドグクラッチを採用しているのが特徴。

第2章　高効率・低燃費エンジン技術

ンが存在している。しかし、これまでの2モーター式のハイブリッドではいずれもトランスミッションを持っていない。それはトルクレンジの広いモーターで走るのを基本としているからである。エンジンで直接駆動するのはモーターが苦手な高速走行のみで、それに合わせたギヤ比、例えば5〜6速相当を設定しておけば事足りるわけで、シフトチェンジの必要はない。かつてクラウンなどのFR用THSで、2段の自動切り替えを採用したことがあったが、その後1段の固定（リダクションギヤ）に変更した。このようにトランスミッションを設けるにしても、せいぜい数段の切り替えでよいのが2モーター式ハイブリッドの特徴である。

　E-TECHでは2モーター式ながら1モーター式のようにトランスミッションを持っている。それも多段のトランスミッションであり、従来の2モーター式ハイブリッドとは基本的に異なった機構で成り立っている。

　E-TECHにはほかにも際立っている機構がある。

　エンジンとトランスミッションの間にモーターを挟む1モーター式ハイブリッドでは、モーターの前後に摩擦板式のクラッチを設けるのが普通である。モーターの前のクラッチはエンジンとモーターを切り離す役目を持ち、後ろのクラッチはトランスミッションの変速のための一時切断のものである。しかし、このE-TECHには摩擦板式のクラッチがない。また、シフトチェンジにシンクロメッシュを採用せず、ドグクラッチ方式としている。摩擦板式クラッチがないのも、シンクロメッシュを廃したのも、構造を簡単にコンパクトに収めるためだと考えられる。

　2モーター式ハイブリッドでは、走行用モーターと発電用モーターは大体同じ大きさ（出力）である。シリーズ走行するときに発電能力が小さいと、駆動モーターに能力があっても、長い上り坂などで電池が底をついてしまうと出力不足を起こすため、エンジン・発電機もそれに見合った出力を持っている必要がある。

　だが、このE-TECHではメインモーター（駆動用）が36kW、サブモーター（主に発電用）が15kWと、大きさが大きく異なる。また、絶対的な出力も小さめである。エンジンは1.6L直列4気筒自然吸気エンジンで、69kW（94PS）とモーターに比べると出力が大きい。メインモーターとエンジンの出力合計は105kW（143PS）である。その出力はそれほど大きくなく、アルカナよりも、ルーテシアやキャプチャーのほうが車格には合っている。いずれにしろ、このハイブリッドはエンジンとモーターが協調して走行するものと考え

81

られる。

　このように、トランスミッションの存在と2つのモーターの大きさの違い、さらに駆動モーターとエンジン出力の絶対値から考えて、2モーター式ハイブリッドではあるものの、1モーター式ハイブリッドの性格を持っている。すなわち「1.5モーターハイブリッド」といえそうな機構である。高出力高トルクモーターを持った日本の2モーター式ハイブリッドのようなEVに近い、鋭い立ち上がり加速はないが、不足のないトルクを発揮するようにモーターがエンジンを補佐するというものである。

　E-TECHの機構について説明すると、まずドライブシャフトを含めて6軸がある。そのうち①、②、③の3軸が変速の機能を持っている。3軸式トランスミッションを装備していると考えればよい。

　まず①メインモーター（Eモーター）の軸は後ろにICE（内燃エンジン）のクランク軸がある。これは結合したり切り離したりができる。この軸にはICEの2・4速ギヤがある。そして②メインシャフトにはEVの1・2速があり、③カウンターシャフトの存在としての軸にはICEの1・3速がある。この3つの軸にドッグクラッチによる変速機構が組まれている。

　④の軸はドライブシャフトで車輪につながる。⑥はサブモーター（スタータージェネレーター：HSG）で、それとつなげるために⑤アイドラーギヤがある。この⑤アイドラーギヤはモーターの回転を減速したり、回生の場合に増速したりする役目を持っている。

　①は前側にモーター、後ろ側にICEがあるので、説明の都合上メインモーター側を①m、エンジン側を①eと区別する。

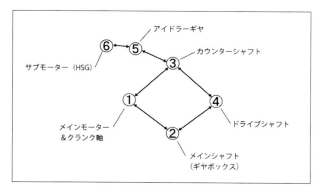

E-TECHハイブリッドの機構図。基本的には4軸あり、①メインモーターの軸の後端はエンジンにつながる。②トランスミッションのメインシャフトには変速ギヤがはまっている。③はカウンターシャフトでここにも変速ギヤがはまっている。また、このシャフトはアイドラーギヤを介してHSGとギヤでつながっている。

①mメインモーターの回転は②メインシャフト（ギヤボックス軸）、あるいは③カウンターシャフトを経て④のドライブシャフトを駆動する。①eエンジン軸は①mモーター軸とつなげて②メインシャフトを介して④ドライブシャフトを駆動したり、①mメインモーター軸と切り離し③カウンター軸を介して④ドライブシャフトを駆動したりする。

減速回生時は、④ドライブシャフトから②ギヤボックスを介して①メインモーターへと回転が伝わり回生する。強い回生の場合は、メインモーターに加えて④ドライブシャフトから③カウンターシャフト、さらに⑤アイドラーギヤを介して⑥サブモーターに回転が伝わり、ここでも回生が行なわれる。なお、この経路の場合はエンジンとの切断ができないので、回生中もエンジンを連れ回すことになると考えられる。

ブレーキは回生力を高めるため協調回生とされており、ブレーキを踏むとまずは回生による減速が働く。それだけでは減速しきれない場合はブレーキパッドによる通常のブレーキング減速が加わる。

変速はドッグクラッチ方式でシンクロメッシュがない。これはバイクのトランスミッションでは普通で、レーシングカーなどでも用いられる方式である。多段でギヤ比が接近していると回転差が少ないので、シンクロ機構がなくても案外次のギヤに入る。さらに仕掛けがあり、サブモーターがギヤ挿入前に一瞬発電もしくは回生のトルクを発生させてドッグクラッチの回転を制御し、シンクロの役目を果たすようにしている。これによりシフトショックが全くないといえるレベルにしている。

変速段はメインモーター用に2つのギヤが②軸に、それとエンジン駆動用として4つのギヤ（①軸2つ、③軸に2つ）を持つ。これに、それぞれ単独でのギヤ比がプラスされ2×4＋2＋4＝14段となる。ただし、同じギヤ比になるギヤの組み合わせが2つあるので、実質的には12段となるという。

E-TECHハイブリッドのモーター、エンジン、そして各ギヤの作動図。これは EV 走行時。①メインモーターのトルクが②メインシャフトを介して④ドライブシャフトに伝わる。エンジンは不作動。

シリーズハイブリッド走行。エンジンで①メインモーターを駆動し②メインシャフトを介して④ドライブシャフトへ。

エンジンとモーターのパラレル走行。ギヤは 2 速。①エンジンのトルクは③カウンターシャフトを介して④ドライブシャフトへ。①メインモーターのトルクは②メインシャフトを介して④ドライブシャフトへ。

3 速での減速回生。④ドライブシャフトからの減速トルクは②メインシャフトを介してメインモーターへ。もう一方④ドライブシャフトからの減速トルクの一部は③カウンターシャフトを介して HSG に伝わり、ここでも減速回生を行なう。

代替燃料

エンジンを動かすことができる燃料はガソリンと軽油以外にもある。実際に実用化されているのが、NG（天然ガス）、LPG（液化石油ガス）、エタノールなどである。いずれもガソリンや軽油よりもCO_2や排気ガスの排出が少なく、これらの活用はCO_2削減に役立つ。しかし、EV化傾向に大きく傾く情勢からは今後に大きな期待を持つのは難しい情勢である。

■NG（天然ガス）

天然ガスは単位発熱量あたりで見るとガソリンや軽油よりCO_2の排出が約20％少ない。またNOx、CO、HCの排出も少なく、SOx（硫黄酸化物）は全く排出されない。さらに振動騒音も小さい。一方で出力性能はガソリン車と比べて10〜20％低めである。ただ、オクタン価は高いのでガソリン車より圧縮比を上げることは可能である。熱効率でいうとガソリン車とディーゼル車の中間くらいである。

給油箇所は全国で300カ所足らずと少ないので、走行ルートが決まっているような塵埃収集車などに見られるが、一般化は難しいものの、トラックやバスではディーゼル車の代替としてひとつの役割を担えるところがある。メーカー系ではないが、ガソリンとのバイフューエルに改造した車両を扱っているところもあったが、その後は販売を終了している。

天然ガスは常温では気体で、通常20MPaの高圧でタンクに充填してCNG（圧縮天然ガス）として自動車へ搭載する。しかしエネルギー密度はガソリンよりも小さめで、航続距離は少し短くなる。LNG（液化天然ガス）ならば航続距離の問題はなくなるが、液化するのには−162℃の低温化が必要であり、簡単ではない。

エンジンそのものは基本的にガソリンエンジンと同じだが、CNGタンク、レギュレーター、制御コンピューター、CNGインジェクター等の部品が必要になる。レギュレーターは20MPaのタンクからの高圧を2.5kPaまで減圧し、コンピューターで必要ガス量を計算してインジェクターを制御しなければならない。前述のように液化するのには−162℃の低温化が必要であり、機構が複雑になる。

エンジンそのものは基本的にガソリンエンジンと同じだが、CNGタンク、レギュレーター、制御コンピューター、CNGインジェクター等の部品が必要になる。レギュレーターは20MPaのタンクからの高圧を2.5kPaまで減圧し、コンピューターで必要ガス量を計算してインジェクターを制御しなければならない。

■LPG

LPG燃料車は、日本ではタクシーで多用されている。これはLPGの価格が税制によりガソリンと比べて約6割と大幅に安いからである。CO_2の排出に関してもガソリンより10%は少ないとされている。韓国では自家用車としても普及が進んでいる。

LPGは「Liquefied Petroleum Gas：液化石油ガス」の略称で、その名のとおり石油由来の燃料である。ただし天然ガス(NG)から作り出すこともできる。成分はプロパン(C_3H_8)やブタン(C_4H_{10})を主成分としている。通常は気体だが、圧力をかけたり冷却したりすることで、容易に液化させることができる。具体的にはプロパンは0.86MPa(8.5気圧)あるいは-42℃で液化する。液化すると体積は250分の1になり、これを小型のタンクに充填すれば簡単に運搬できる。そのため災害にも強いエネルギーとされている。

LPG車には圧力により液化されたLPGが給油され、減圧して気化したLPGがインジェクターから噴射されるのが普通だが、液体噴射もある。出力はガソリンや軽油よりやや落ちるが、あまり遜色ないレベルである。ガソリンとのバイフューエルも可能で、切り替えればそのまま運転を続けられる。

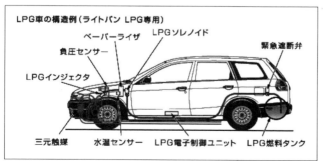

LPG燃料車の燃料供給とコントロール図。ベースがガソリン車だからガソリンとのバイフューエルとしている。

第3章　CO₂排出ゼロの技術①　電池の現状と急速充電規格

第3章
CO₂ 排出ゼロの技術①
電池の現状と急速充電規格

EV化の現状と課題

　クルマの CO_2 の排出をゼロにする技術はいろいろあるが、大きく分けるとエンジンを搭載しないBEV（バッテリーEV）にする方法と、内燃機関を使うもののカーボンニュートラル（CN）燃料を使う方法の2通りになる。結果的にはEV化が急速に進展しているが、課題も多い。その大きなものは一充電での航続距離で、それはとりもなおさず電池性能の問題であるといえる。ここでは充電方法を含めてEV化についての現状と課題そして展望を見ていきたい。

■過剰なEV化とその鎮静

　テスラの伸長に象徴されるように、2021年頃から世界は一気にEVへと傾いた感があった。中国をはじめ欧州、米国などの自動車生産国では、EV化を推奨しその拡大に努めた。世界的にEVの販売が伸びたのは、環境意識の高いオーナーが増えている面もあったが、国家や自治体からの補助金など、大きな優遇措置があったからである。ところが2024年に入る頃になるとEV化傾向は完全に失速しはじめる。内燃エンジン車を廃止するとまでいった自動車メーカーもEV化を見直さざるを得なくなった。そし

87

て、EVの販売が落ち込む一方で伸びたのはハイブリッド車であった。これにはプラグインハイブリッドも含まれる。一時は「日本はハイブリッドにこだわってEV化に乗り遅れた」といった一部の批判もあったが、結果的には日本の方策が正解であったことが明確になった。

そもそも、日本においては前述のように2010年に三菱i-MiEV、日産リーフが本格量産EVとして世界に先駆けて発売された。ところが時代が早すぎたのか、EV普及の起爆剤にはならず、その後、2013年にBMW i3が発売され、翌年には日本への導入もあったが、それに続くEVもしばらく現れなかった。その後2020年代になって世界的なEV化傾向が急激に進むと、日本もようやくEV発売が見られるようになる。特に2022年に、軽自動車規格のEVである日産サクラ／三菱eKクロスEVが発売され、日本では堅実なEV普及が進みそうな情勢になった。

世界のEVの販売状況を見ると、テスラを筆頭に比較的車格の高いクルマと小さなクルマの両極に分かれている。そもそも電動化は小さいもののほうが適している。電動工具や草刈り機、チェーンソーなど家庭用の小さいものから電動化されている。クルマも小さいものほど、搭載バッテリーが小さいものでよいため電動化に適しており、トヨタ車体のコムスのような超小型EVは早くから市販されてきた。中国やEUでも超小型EVの普及は日本以上に進んでいる。また、アジアでのEV化もここから始まろうとしている。

一方のラグジュアリー車になると、長い航続距離を求められることから大きなバッテリーを積む必要がある。必然的に価格は高くなるが、それをいとわない富裕層のオーナー

日産サクラは軽自動車車格のバッテリーEV。20kWhのバッテリーを搭載している。

第3章　CO$_2$排出ゼロの技術①　電池の現状と急速充電規格

トヨタ車体の超小型BEVコムス。バッテリー容量はさらに小さな5.2kWh。

メルセデス・ベンツEQSは107.8kWhの大容量バッテリーを搭載している。航続距離は700kmと長いがCO$_2$削減効果が高いとはいえない。

がいることも確かである。ただ、世界的に中間層が薄くなっている昨今、ラグジュアリーEVの拡大はやがて頭打ちになっていくことは、当初から考えられたことで、それはやがて現実のこととなった。

いずれにしろ、軽自動車規格のEVでもエンジン車と比較すると相当にコストが高く、前述の国や自治体の大幅な"支援金"ではじめて成り立つ情況である。販売台数が伸び、さらに大衆車にまでEV化が進むとなると、必然的に義援金の額は減少、あるいは廃止せざるを得なくなる。その時点でEVのコストがどこまで下がっているか、それができていなければ、やがて失速せざるをえない。EVの技術進化とコストダウンはますます重要になっている。

■EVの課題

EVの有用性は走行中にCO$_2$の排出がないことだが、その電力がどのように作られたかで、EVもCO$_2$の排出が全くないとはいえなくなる。再生可能エネルギーで作られた電力ならば問題ないが、火力発電で作られた電力であれば発電段階でCO$_2$を排出

している。すなわち、その国の電源構成がどのようになっているかで、EVのトータルでのCO$_2$排出量が決まってくる。

　日本の再生可能エネルギー由来の電力の割合は21.7%（2022年）で、先進国の中でも低い。発電段階でCO$_2$の排出が多ければ、全車がEVになったとしてもトータルでのCO$_2$排出の低減にはならない。なお、原子力発電はCO$_2$こそ排出しないが、もっと危険な廃棄物を排出する。現代の科学で処理できず将来世代につけを残すもので、倫理的にも使用すべきでない。

　EVの最も大きな課題は航続距離である。これは内燃エンジンの液体燃料に比べ、バッテリーのエネルギー密度が大幅に小さいからである。バッテリーをたくさん積んで容量を増やせば重量が増え、動力性能を損なうとともに効率が落ちるので、航続距離は思うほどは伸びない。同時に、大容量バッテリーを充電するには充電時間も長くなるという問題も出てくる。また、バッテリーにはリチウムをはじめニッケル、コバルト、マンガンなどの希少金属が使われている。この資源には、偏在しているという世界的な"片寄り"の問題もある。時には中国、ロシアなどが外交カードに使うこともあり、安定供給に問題が生ずるリスクがある。

　次章で詳述するが、第1章でも少し述べたLCA（ライフサイクルアセスメント）という考え方がある。これは資源採取から製品生産、流通、使用そして廃棄に至るまでの、すべての工程での環境負荷を定量的に表すもので、これによればEVがエンジン車より環境負荷が少ないとはいえないとされている。EVの環境負荷を大きくしているのは、やはりバッテリーである。

　EVはエンジン車に比べて部品点数が大幅に少ないとされている。EVでは複雑なエンジン、トランスミッションが不要になるほか、潤滑系、冷却系も単純化、小型化される。ならばコストも下がってよさそうに思えるが、実際にはEVはコストが高くエンジン車より高価である。EVが高コストであるのは、ひとえにリチウムイオンバッテリーが高いことにある。希少金属を使うことのほか、発火性があることからそれに対応する構造・機構・制御を必要とするためである。環境負荷、コストなど、バッテリーの課題は大きい。

90

第3章　　CO₂排出ゼロの技術①　電池の現状と急速充電規格

■電池の発明

　化学電池の発明は、1800年にイタリアのアレッサンドロ・ボルタが電池の原理を解明するとともに、銅、亜鉛、希硫酸を用いて作ったのが最初とされている。電圧の単位であるボルト(V)はボルタの名前に由来している。この電池は充電ができない一次電池だったが、充電ができる二次電池は1859年にフランスのガストン・プランテが鉛電池を発明してからとされている。1899年になるとニカド(ニッケルカドミウム)電池が開発されて、このふたつの電池が二次電池として使われるようになった。しかし、自動車の駆動に使うには出力、容量とも足りず、実用には力不足だった。その後も新しい二次電池はなかなか現れなかった。

　それが1990年代に入って画期的な飛躍をすることになる。まず1990年に東芝、三洋電機(後にパナソニックに吸収合併)、松下電器産業(後のパナソニック)により、ニッケル水素電池が市場投入された。さらにソニーがリチウムイオン電池を発表し、翌1991年には限定ながら市場投入した。このふたつの電池とも日本で開発され実用化されたものであることは、誇らしいことである。

■電池の基本原理

　物質の根源である原子は中心に原子核があり、その回りを電子が回っている。原子核の構成や電子の数の違いで、いろいろな元素が存在する。電子は熱や光などの力が加わると原子核から飛び出したり、他の電子に取り込まれたりする。このように自由に飛び回る電子を自由電子といい、この自由電子が一定の方向に連続して流れる状態が電流である。電子はマイナス(−)の電荷を持ち、原子は電気的に中立だから電子が抜けた原子はプラス(+)の電荷を持つことになる。この電子の抜けた原子のことをイオン(陽イオン)という。その原子がリチウムならばリチウムイオンとなる。

　電気が流れるためには電圧が必要である。電圧は高低差などによって生じる位置のエネルギー同様、出発点と到着点の電位の差である。電位は電極の材料により固有の値を持っており、水素の電位を0としてリチウム−3.045、マグネシウム−2.356、亜鉛−0.632、鉛−0.126、銅+0.340、金+1.498などとなっている。金属が水溶液中に電子を放出してイオンになろうとする性質を金属の「イオン化傾向」といい、リチウムのよう

91

なマイナスの数値が高いほど、イオン化傾向が大きい、という。

　電池の基本構成は負極（陰極）と正極（陽極）、それと電解液になる。イオン化傾向の大きい負極の物質が電子を放出して自身がイオンとなり、電解液と化学反応して他の分子などに変化する。放出された電子は電池の外部回路を通じて正極に向かうが、これが逆向きの電流になり、仕事をすることになる。この反応が一方通行で行なわれるのが使い切りの一次電池で、逆に電流を流すと反応が戻るのが充電できる二次電池である。

　充電できる電池を二次電池と呼ぶのは、電池が開発された当時は発電機がなく、電池は別の電池から充電していたからで、充電する側の電池を一次電池、充電される側の電池を二次電池ということになったとされている。

■鉛電池

　鉛電池は1859年の発明以来使われ続けている、実績ある電池で、今日でも自動車の車載電池として始動用や電装用に使われている。性能の割に安価で、鉛のリサイクルシステムも確立してしている。自己放電が少ないので、しばらく使わずにいても、蓄電エネルギーの減少が少ないのも特徴である。

　負極に鉛（Pb）、正極に二酸化鉛（PbO_2）を使い、電解液には希硫酸（H_2SO_4）を使う。放電では負極の鉛原子から電子が分かれ、外部の回路を通って正極に行く。鉛原子のほうは電子が抜けて鉛イオンとなると、電解液中の硫酸イオンと反応して硫酸鉛

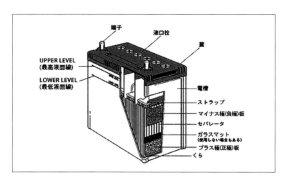

鉛電池は駆動用としては力不足だが、始動や電装品のための電源として有用で現在も車載されている。

第3章　CO₂排出ゼロの技術①　電池の現状と急速充電規格

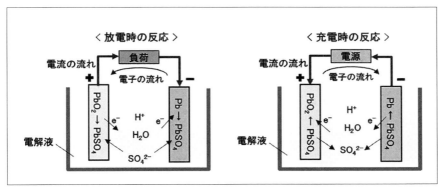

鉛バッテリーの作動原理。マイナス電極が鉛、プラス電極が二酸化鉛で、電解液に希硫酸を使う。放電は両極とも電解液と絡んで硫酸鉛に変化する。すべて硫酸鉛になれば放電しきったことになる。

($PbSO_4$)となる。一方、正極では二酸化鉛が電解液の水素イオンと負極から流れてきた電子に反応して水(H_2O)を生成するとともに、鉛イオンは硫酸イオンと反応して硫酸鉛となる。両極とも硫酸鉛に向かうので、電極すべてが硫酸鉛になれば起電力はなくなる。充電はこの逆である。

　鉛電池のひとつのセルの公称電圧は2Vで、自動車用では6つのセルを直列につなげて12Vとしている。開放型の鉛電池では電気分解や蒸発で電解液の水分が減ってしまうため、蒸留水を補充する必要があったが、その後に電解液が減らない構造を採用した密閉型(シール型)となり、補水の必要はなくなっている。アイドリングストップ車の普及に伴い、再始動の繰り返しの大放電に耐えるようにした電池もある。

■ニッケル水素電池

　ニッケル水素電池は性能、安全性、価格などバランスの取れた電池として、モバイル用から一部のハイブリッド車の駆動用電池に使われている。最近はリチウムイオン電池の価格も下がってきたので、駆動用にニッケル水素電池が使われる場面は少なくなったが、この後に述べる「バイポーラ型蓄電池」の開発で、再びハイブリッド車などに搭載例が出てきている。

　負極には水素吸蔵合金(M)や金属水素化物(MH)が使われ、正極にはオキシ

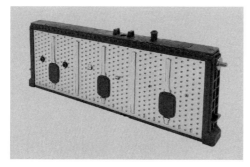

ニカド電池に代わる電池として登場したニッケル水素電池。カドミウムの代わりに水素吸蔵合金を使用している。

水酸化ニッケル(NiOOH)というニッケル酸化物が使われる。電解液は水酸化カリウム(KOH)と水で、セパレーターには不織布が使われる。放電では水素吸蔵合金の水素電子を分離放出し、その電子は外部回路を通って正極に向かうが、それが逆向きの電流となって仕事をする。残った水素原子はイオン化し電解液の中を通って正極に達し、ここで電極のオキシ水酸化ニッケルと、外部回路から来た電子が加わって水酸化ニッケル(Ni(OH)$_2$)になる。なお、負極の水素吸蔵合金(M)は水素を放出したり吸蔵したりするだけで、化学反応には関与していない。

ひとつのセルの理論的な電圧は1.2Vと鉛電池より低いが、エネルギー密度は鉛電池より大きい。放電しても電解質の濃度変化がないので、電解質の劣化が少なく寿命が長いという特徴がある。実はニッケル水素電池は密閉型のニカド(ニッケルカドミウム)電池と基本的構成は同じで、カドミウムの代わりに水素吸蔵合金を使っているともいえる。性能的にはエネルギー密度が倍以上になり、以前問題視されたメモリー効果(浅い放電と充電を繰り返したときに、放電容量が見かけ上、低下する現象)が少なく、取り扱いも容易になっている。

■リチウムイオン電池

今日の量産EVはすべてリチウムイオン電池を駆動用電池として使っている。リチウムは前述のように-3.045と元素の中で最も電位が低く、イオン化傾向の大きさもいちばんである。定格電圧はセルあたり3.7Vと最も大きな電圧が得られ、エネルギー密度も高い。放電特性でも電圧低下が少ない、すなわち電池容量が少なくなっても電圧はあまり下

がらない、という特徴がある（満充電電圧4.2〜終始電圧2.7V）。ただし、セル間のばらつき補正などで精密な制御を必要とされ、また電解質が可燃性であり安全性への配慮も必要である。

リチウムイオン電池は負極にカーボン系材料（グラファイト＝黒鉛など）、正極にリチウム化合物（コバルト酸リチウム、マンガン酸リチウム、ニッケル酸リチウムなど）、電解液に有機電解液（非水溶性）、電極間を絶縁するセパレーターには、リチウムイオンが透過可能な膜などを基本構成としている。

リチウムイオン電池の最大の特徴は、充放電の反応において、リチウムイオンは負極と正極の間を行き来するだけで、電解液とは一切化学反応を起こさないことにある。電極はリチウムイオンを格納する場所としての存在といえる。放電では負極のグラファイトの格子状の中に収まっているリチウムがイオン化し、電解液とセパレーターを通って正極に到達する。放出された電子は外部回路を通って正極に到達するが、その間に電気的な仕事をする。正極に来たリチウムイオンは外部回路から来た電子とともにそこに取り込まれ、コバルト酸リチウムやマンガン酸リチウムになる。充電はこの逆で、外部回路に逆向きの電流を流すと正極からリチウムイオンが負極に移動して格納される。リチウムは金属結晶にならず、常にイオンとして電極間を行き来する。

■全固体電池

電池の電解質は「電解液」という言葉があるように、液体の場合がほとんどである。全固体電池というのはこの電解質を液体でなく固体にしたものである。したがって電池

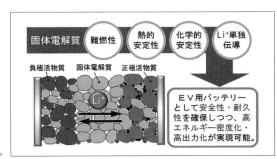

全固体電池の固体電解質の概念図。

そのものはリチウムイオン電池である。他の種類の全固体電池も考えられるが、多くの企業が開発に取り組んでいるのは、全固体タイプのリチウムイオン電池である。電解液タイプの場合はミクロの穴の開いたセパレーターが負極と正極の間にあるが、全固体電池ではセパレーターは特になく固体電解質がそれを兼ねている。

　全固体電池のメリットとしてはいろいろ挙げられるが、液体から固体にすることで電解質を薄くできる。セパレーターを省いて多層化ができるので軽くでき、エネルギー密度が上がる。また、電解液の場合は可燃性の有機化合物が使われているため、液漏れや発火リスクがあるが、固体になればそのリスクはほとんどなくなる。さらに-30℃の極低温になると電解液は凍結のリスクがあるが、全固体では凍結しない。加えて電解液で

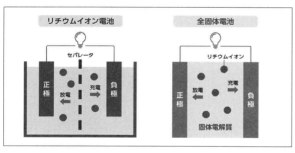

電解質が液体の普通のリチウムイオン電池と固体の全固体電池の比較。全固体ではセパレーターが不要になる。

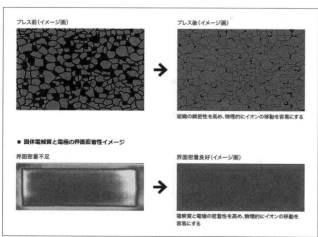

全固体電解質は界面の密着度が問題になる。密着が悪いと内部抵抗が増えてしまう。

は温度が高くなると性能が落ちてくるので、60℃以上にならないように冷却する必要があるが、全固体ではその必要がない。高電圧による急速充電に対する対応性も高い。電池寿命が延びることも期待されている。ただし、後述するように克服しなければならない課題もたくさんある。

■バイポーラ型蓄電池

2021年7月にフルモデルチェンジしたトヨタ・アクアは「バイポーラ型ニッケル水素電池」を世界で初めて搭載した。バイポーラ（Bipolar）は双極を意味し、正極と負極のふたつの電極を、ひとつの集電体に併せ持った構造となっている。通常の電池ではセパレーターを挟んで正極と負極があり、それぞれ集電体と一対になりひとつのセルを構成している。すなわちひとつの集電体にはひとつの電極が塗布されており、直列に接続するには正極のセル端子を次のセルの負極のセル端子につなげる。これを繰り返して多くのセルを直列接続している。

これに対しバイポーラ型では集電体の表裏に正極と負極がある。したがってセル端子を使うことなくそのまま積層していけば直列接続になる。最初と最後の集電体だけは電極が片面だけであるが、ひとつの集電体を正極と負極が共用している形になっている。ただし各セルは集電体の半分のところで区分される。

バイポーラ型蓄電池は各セルを区分けする筐体が不要で、よりコンパクトにできる。ということは同じ体積の中により多くのセルを搭載することができるので、エネルギー密度を大幅に増やすことができる。また、複数のセルを積み重ねるので、セル端子でつなぐ

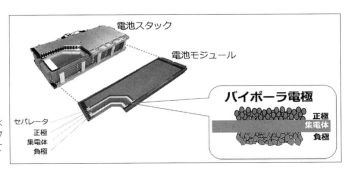

バイポーラ型ニッケル水素電池の構造図。ハイブリッド車の駆動用として搭載された。

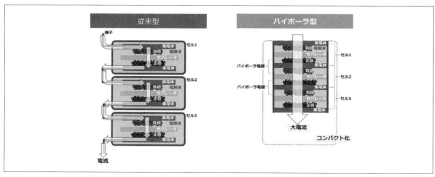

従来の普通のニッケル水素電池とバイポーラ型蓄電池の違い。

よりも内部抵抗を大幅に減らすことができる。安価でリチウムイオン電池に迫る性能を発揮するすぐれた技術といえる。

なお、バイポーラ型蓄電池はニッケル水素電池だけの技術ではない。鉛電池でもあるし、当然ながらリチウムイオン電池にもこの技術は応用され始めており、大幅な性能向上が期待されている。なお全固体電池はバイポーラ型でもある。

■金属空気電池

金属空気電池は、全固体電池のさらに先の高エネルギー密度の電池として研究されている電池である。正極活物質として空気中の酸素を、負極活物質として金属を用いることで、金属空気電池と呼ばれる。その金属にはリチウムをはじめ、亜鉛、アルミニウム、マグネシウム、鉄などが考えられている。正極は空気そのものであり、軽量にもなっている。実は金属空気電池は歴史が古く、一次電池としては亜鉛空気電池が実用化されている。例えば亜鉛空気電池は、ボタン電池として以前から補聴器に使われている。しかし充電可能な金属空気電池はまだなく、次世代電池として電池メーカーは、この原理をもとにして二次電池化しようとしている。ただし自動車用としては亜鉛より高い電圧を得られるリチウム空気電池を主流として研究開発している。理論的には今日のリチウムイオン電池の4倍にもなる1000Wh/kg以上のエネルギー密度が期待できるという。

第3章　CO₂排出ゼロの技術①　電池の現状と急速充電規格

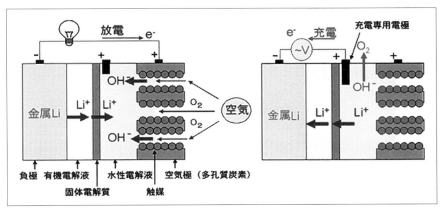

リチウム空気電池の概念図。プラス極は極板でなく空気が直接極板の替わりをする。

■電池開発の現状

　EVとガソリン車の経済性が同等となる車載用電池パックの価格は、約1万円/kWhとされており、2030年までのできるだけ早い時期に実現することがわが国の方針として掲げられている。そのためにはバッテリーそのものや資源、材料への大規模投資が必要とされている。また、全固体電池や革新型電池の開発、電池材料の性能向上が必要とされている。

　当然ながら全固体電池は、日本だけでなく全世界で研究開発が行なわれているが、実用化となると簡単ではない。その"キモ"はやはり電解質にある。いかにイオン伝導率が高く安定した電解質を探し出すか、無限ともいえる素材の組み合わせを探らなければならない。また、充放電時に負極活物質が膨張・収縮することへの対応もある。これは充電時に正極からのリチウムイオンが負極の活物質の中に入り込み膨張、放電時にはリチウムイオンを放出して収縮するからである。これに負極が対応できないと負極内の活物質と電解質の界面に隙間ができてしまい、内部抵抗が増えて性能が低下してしまう。さらに負極で起こるリチウム析出による短絡（デンドライト）を抑制することなどもある。

　ところで、固体電解質には主に硫化物系と酸化物系の2種類あり、それぞれ特徴がある。最もイオン伝導度の高いのが硫化物系である。液系の伝導率に近い。有力とされるのは結晶性超イオン伝導体だが、多成分で結晶構造が複雑であり、界面や

車載用電池の技術シフトの想定。全固体電池の動向からすると、この図より数年遅れている情況である。

粒界抵抗を低減させるために5～10MPaで加圧しなければならない。液系リチウムイオン電池で起こりうる発熱・発火のリスクも若干だが残る。その場合、有毒な硫化水素が発生する問題もある。

　酸化物系の固体電解質はいわゆるセラミックスであり、燃えない特徴がある。イオン伝導度は硫化物系より低いが、高圧で加圧、結束する必要もない。いちばんの課題は充放電に伴う負極活物質の膨張・収縮で、電極内にクラックや界面剥離などが起こることである。

■二次電池を巡る動き

　急進的なEV化傾向は一段落しても、堅実なEV化の進展は進んでいる。自動車メーカーの将来に向けて、電池の確保は重要な課題である。単に電池メーカーから購入するだけなく、電池メーカーへの出資や合弁会社の設立、自動車メーカーとして電池の内製化を図るところも増えている。日本ではトヨタ、日産、ホンダがその例だが、パナソニック製を搭載していたテスラも、2022年にドイツで電池生産を始めている。ドイツのフォルクスワーゲン（VW）やメルセデス・ベンツも内製化を進めている。すべてを自社でまかなえなくても、電池メーカーに全面的な依存をせず、なるべく優位な交渉力を保つためである。

　電池メーカーの販売実績は、2023年の段階で中国のCATLが筆頭で、韓国のLGエナジーソリューションがそれに続く。日本勢ではパナソニックが第6位とシェアを下

げ、CATLと合弁会社を設立したTDKが4位に入っている。その後も中国勢が続き、中国と韓国が電池業界を牽引している感がある。

　トヨタ、日産、ホンダはいずれも全固体電池の開発に懸命に取り組んでいる。トヨタは2008年に電池研究部を設立し研究を加速させ、現行のリチウムイオン電池の改良と全固体電池の開発を進めている。2023年6月には全固体電池について「課題であった電池の耐久性を克服する技術的ブレークスルーを発見した」と発表している。そして、2027～2028年には全固体電池搭載車を市場導入するとした。それは航続距離1000km、SOC（State Of Charge＝充電状態を表す指標）10～80％で10分という性能を持つもの。その全固体電池の前に、次世代型リチウムイオン電池の開発もしているという。

　日産も2028年に全固体電池を市場投入すると発表している。その電池はエネルギー密度が現行電池の2倍、充電時間は3分の1。しかもコストを1kWhあたり75ドルとし、さらに65ドルまでの低減を目指すという。75ドルが実現するなら、アリアの66kWhのバッテリーの価格は、1ドル150円換算で74万2500円という破格の低価格になる。

　ホンダは2021年4月にEV、FCEV販売を2040年には100％にすると発表した。全固体電池の開発にために430億円を投資し、「2020年代後半に市場投入」としているが、EVの開発目標から考えて他メーカーと同様2027～2028年になるであろう。

　このように全固体電池の量産化はいましばらくかかるので、現行のリチウムイオン電池の改良も進められていく。

　その注目される技術のひとつが、テスラやVWが進めるドライ電極技術である。通常の電極製造は、正極では金属化合物、負極なら主成分の黒鉛に液状のバインダーといわれる接着剤を混ぜて流動物（スラリー）にして、これを金属箔に塗工し、乾燥させてシート状の電極を造る。ドライ電極の場合は、バインダーの代わりに電解液を正極材や負極剤と混ぜてスラリーとし、それを金属箔に塗工して電極とする。なにがよいかというと、バインダー（接着剤）の液体成分を蒸発させる乾燥工程をなくせることである。この乾燥工程が、電池製造において設備面積の40％も占めるとともに、乾燥に大量のエネルギーを使うので、それらが削減されるとしている。

充電の現状と展望

　EVにとって重要なのが充電である。充電には普通充電と急速充電がある。普通充電は200Vまたは100Vの電圧で時間をかけて充電する。出力は3～6kWが日本では主力である。電池の容量によるが、自家用乗用EVで通常満充電にするのに200Vで8時間くらい、100Vで12時間以上かかるというのが目安である。EVにとってこの普通充電が基本であり、電池にもやさしい。通常の使い方では昼間走行して、夜間の駐車中に普通充電するのが一般的なパターンである。

　家庭で使う電気の電圧は通常100Vだが、大きな家電を稼動させる場合には200Vを使うことがある。最近の新築家屋は最初から200V電源を備えている例が多くなっている。100Vしか使っていない家庭でも、近くまで200V電源は来ているはずだから、工事をすればすぐに200Vが使えるようになる。200V電源にしても電気料金としては変

日本のEVの充電口。①が普通充電口で②がCHAdeMOの急速充電口。③は照明ランプ。

日本での普通充電はSAE_Type1 J1772で米国のCCS1と同じ規格。

普通充電ケーブル。左端をAC100Vまたは200Vのコンセントに差し込み、右端のコネクターをEVの充電口に差し込むことで充電する。途中で交流を直流に整流している。

第3章　CO₂排出ゼロの技術①　電池の現状と急速充電規格

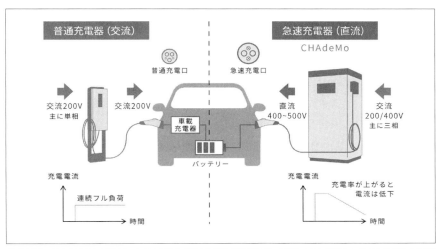

普通充電と急速充電の特性比較。急速充電は最初は大電流が流れるが、電池に電力が溜まり出すと次第に電流値は下がってくる。

わらないので、EVを充電するなら200V電源にした方が経済的である。

　普通充電器には充電ケーブルのコンセントタイプとスタンドタイプがあり、前者が圧倒的に安い。公共施設などでは通常スタンドタイプが使われている。充電開始や終了の制御や、認証機能による課金機能などいろいろな機能を備えている。なお、家庭で使っているのは交流電源だが、電池は直流機器であり直流で充電しなければならない。充電スタンドでは内部で直流に整流しているし、充電ケーブルでは途中の制御回路で整流し直流にしてEVの電池に流している。

　急速充電は直流の大電流で（数十から数百kW）短時間で充電する方法である。長距離走行で電力残量が少なくなった場合などに行なうのが基本である。急速充電といってもガソリンや軽油の給油のような液体燃料のように数分で済むわけではなく、通常20～30分かかる。急速充電は満充電にするのではなく、80%が基本である。これは充電特性によるもので、電池残量が少ない初期は大電流で充電できるが、満充電に近づくにつれ次第に電流量は下がり、なかなか充電が進まなくなる。そこで、80%を目安に打ち切るのが一般的になっている。

103

■急速充電規格

　液体燃料を注入するのと違い、電力を電池に充電するにはいろいろな規格が必要になる。いちばん分かりやすいのは充電コネクターとクルマ側の充電ポートの形状である。どこの充電器でも充電できるためには、その形状も同一でなければならない。また、後述するように、充電器は電池側と通信しながら、状況に応じた最適の電流値で充電する必要がある。そのための通信規格も合っていなければならない。

　日本においては、急速充電規格は「CHAdeMO：チャデモ」という規格が使われている。これは三菱 i-MiEV、日産リーフの登場に合わせるように2010年に設立されたCHAdeMO協議会が制定したもので、幹事会社はトヨタ自動車、日産自動車、三菱自動車工業、富士重工業（後のSUBARU）と東京電力の5社。会員は自動車会社をはじめ電力会社、充電器メーカー、行政機関など、海外企業を含む48各国、500社・団体が名を連ねている。CHAdeMOは世界に先駆けて日本が制定した急速充電規格で、日本だけでなくヨーロッパ、アメリカ、アジアなど、すでに全世界に広めてきた。CHAdeMOは世界96カ国、4万9,000基の充電器を設置している（2023年）。ただし、最近は欧米では独自の規格を広めており、CHAdeMOは劣勢に立たされているのも事実で、これについては後述する。

　このCHAdeMOは三相交流200Vを電源にしてコネクターの規格や充電方法、通信方法などの規格を決めている。急速充電時にはEVからCAN通信で送られてくる指令を受け、充電中は充電器とEV側の両方で異常を監視し、検知した場合はその情報をCAN信号とPilot信号の2つの通信手段を備えることで、安全性にも気を配ったものになっている。また、CHAdeMOは日々進化しているが、後発規格との互換性を担保しているのも特徴になっている。

　最近話題になっている、V2X（クルマからの給電の総称）規格を当初から備えているのも大きな特徴である。V2Xにはいろいろあり、例えばV2H（Vehicle to Home）はクルマの電力を家庭の屋内配線に接続するシステムである。その他、屋外の家電機器などに直接接続するV2L（Vehicle to Load）や、発電所からの送電線と接続するV2G（Vehicle to Grid）などがある。多数のV2Gを遠隔制御すれば電力系統の調整力として働くVPP（バーチャルパワープラント：仮想発電所）を実現できる技術である。なお、

第3章　CO₂排出ゼロの技術①　電池の現状と急速充電規格

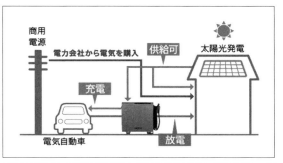

V2Hの概念図。EVの電池の電力を家庭の屋内配線に送る仕組み。停電時などにEVの電力が使える。

急速充電器はその中で交流を直流として大電力で充電する。これは50kWの例だが、さらなる大出力の充電器が望まれている。

CHAdeMOはあくまで急速充電の規格で、普通充電についてはSAEのJ1772という規格を使っている。これは北米のCCS1も普通充電にはこれを使用している。欧州のCCS2は日米とはまた別のMennekesという規格を採用している。

なお、CHAdeMOは普通充電とコネクターを分けているが、CCSは一体型なので、普通充電のコネクターを車両側充電口の上部に差し込むようになる。

■欧米の巻き返し

かつて日本のCHAdeMOが先行したため、欧米では大慌てで別の急速充電規格を造った。いわゆる「コンボ(CCS:Combined Charging System)」である。コンボは北米と欧州でやや異なり、「コンボCCS1(北米式)とコンボCCS2(欧州式)に分かれている。特徴は前述のように急速充電用と普通充電用のコネクターがひとつで、両方をまかなっていること。CHAdeMOの場合、普通充電は別のコネクターになるが、これは充電コネクターにかかる負担とコストを下げるためであったが、充電口が2つ必要というマイナス面も持つ。

先行していたCHAdeMOは欧州でも多数設置されたが、その後欧州でも独自規格のCCS2を強力に進め、欧州指令によりCCS2規格充電器の設置を義務付ける動きがあり、そのためダブルアーム、すなわちひとつの急速充電器からCHAdeMOとCCS2の2つの

コンボCCS1の充電口の形状。左が雌側、右が雄側。急速充電（下部分）と普通充電（上部分）を一体化しているのが特徴。

ケーブルが備わるものが多くなる。さらにドイツの高速道路などでは150kW以上の大出力タイプの普及に合わせて、CCS2のみを推奨する動きもある。CHAdeMOは排除こそされてはいないが、欧州ではCCS2に統一されていく方向にある。

　米国においても当初CHAdeMOが広がったが、北米のコンボ規格CCS1が巻き返して並立し、シェアを広げた。それにテスラが自社EVの販売増をバックにTPC（Tesla Proprietary Connector）という独自規格を作り、北米と日本で展開する。そして2022年にテスラは従来のTPCをバージョンアップしNACS（North American Charging Standard）として新たに公開、2023年にはSAE（自動車技術者協会）がNACSをSAE規格として認証する。やはり、圧倒的な数量を販売しているEVメーカー、テスラの影響力は大きかったといえる。このNACSについてはすでにゼネラルモーターズ（GM）、フォード、ボルボ、リビアン（新興EVメーカー）、ステランティス、ヒュンダイなどがこの規格の搭載を表明している。したがって北米でもNACSやCCS1の陰でCHAdeMOは縮小の道をたどっているのが現実である。ちなみに北米での日産リーフはCHAdeMO仕様だが、日産アリアはCCS1を採用、2025年仕様からはNACSを採用するという。今後は北米ではNACSが事実上のスタンダードになっていく情況である。

　なお、日本へ輸入されるEVは、たいがいがCHAdeMO仕様になっている。テスラはそうでないがアダプターケーブルでCHAdeMO充電器につなぐことができる。

　EV大国である中国は欧米とは別にGB/Tという独自規格によっている。充電コネクターはやはりひとつだが、内容はCHAdeMOに似ている。なぜならGB/TはCHAdeMOの技術支援を受けて開発されたものだからである。このGB/Tの次の規格

第3章　CO₂排出ゼロの技術①　電池の現状と急速充電規格

	CHAdeMO	GB/T	US-CCS1	EUR-CCS2	Tesla
コネクタ					
インレット（車）					
🇺🇳 IEC	✓	✓	✓	✓	
🇺🇸		◆IEEE		SAE	
🇪🇺 EN	✓			✓	
🇯🇵 JIS	✓	✓		✓	
🇨🇳 GB		✓			
通信プロトコル	CAN		PLC		CAN
最大出力（仕様）	400kW 1000x400	185kW 750x250	200kW 600x400	350kW 900x400	?
最大出力（市場）	150kW	50kW	50kW	350kW ?	120kW
設置年	2009	2013	2014	2013	2012

充電規格一覧。この表のテスラは旧仕様のもので、その後NACS仕様になっており、北米ではこれが普及し始めている。

　として、日中共同で500kWを実現する「ChaoJi:チャオジ」の開発を進めており、2022年から実証試験も始まっている。日本ではこれを「CHAdeMO3.0」とし、日立製作所がこの規格の超急速充電器を開発している。なお、さらにその先には大型車両や航空機向けの「Ultra ChaoJi」という1.8MWの超大出力の充電規格を開発中である。

　なぜ、CHAdeMOが欧米で退潮したかは単に政治的要因だけでなく、技術的な遅れも見て取れる。その一つは出力が事実上小さいこと。CHAdeMO2.0規格としては400A×1000V＝400kWまで出せるはずなのだが、日本の法律の制約で最大でも150kWまでのものしかない。しかも90kW以上の高出力では15分しか継続できないという。これは水冷ケーブルが使われていないからで、その点ではNACSやCCS1に遅れを取っている。また、コネクターの規格が古く出力が小さいのに重いというハンデもある。その他、課金システムが規格に入っていないため、それは外付けになり、設置工事費も高くなる、なども指摘されている。しかしCHAdeMOが優れている点もある。それは車両側からの給電であるV2Xの機能で、コンボもNACSもその規格がない。もちろんいずれ搭載されるだろうが、現状ではない。

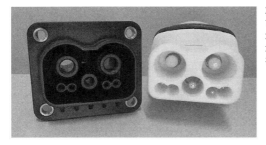

次世代の急速充電規格として中国と共同開発している CHAdeMO3.0（中国では ChaoJi）。大型乗用車やバス、トラックの大容量電池も大電力で短時間で充電ができるとして期待されている。

厳しい情況にあるCHAdeMO2.0だが、それだけに日中で開発しているChaoJi（CHAdeMO3.0）に期待が掛かる。中国はBYDがテスラを凌ぐ販売台数になっているほか、多くのEVメーカーがあり、EV比率が高い。したがって中国が欧米の充電規格を取り入れるとは考えられない。中国がGB/TからChaoJiに切り替えたなら、ChaoJiは世界最大の充電規格になる。日本と中国を中心に、これからEV化が本格化するインドをはじめとする東南アジア、さらにアフリカ、中南米などにChaoJiを浸透させることができるかが注目される。

なお、CHAdeMOは大出力のChaoJiのほか、10kW以下の小出力のバイク用の「e-PTW CHAdeMO」、さらに電動アシスト自転車用の「EPAC CHAdeMO」などの規格の制定と、さらに広がりを見せている。

■電動車向け充電インフラ

2022年3月末のデータでは普通充電スポットは約2万2000カ所、急速充電スポット（10～50kW）が約7800カ所設置されているとされる。これは欧米より大きく遅れているという。そこで、2030年までに普通充電12万カ所、急速充電3万カ所を設置すべく、国も支援する計画になっている。

日本が遅れているのは設置箇所だけではなく、高出力の充電器の少なさもある。そもそも200kW以上の急速充電器は変電設備であるとのことで、厳しい規制があった。しかし、2020年にその規制が撤廃されたので、今後200kWを超える急速充電器の拡充が期待される。ただし、そのためには電力料金の体系を見直す必要もある。

■ワイヤレス充電（非接触充電）①

　充電スタンドにスマートフォンや受話器を置くだけで充電できるシステムは、モバイル機器では広く普及している。EVの充電で充電器のケーブルを取り回し、ソケットを充電口に差し込むのは手間がかかる。特に雨天の屋外などでは煩わしいものである。そこでモバイルの世界のように非接触のまま充電するワイヤレス充電は、EVでもかねてから考えられてきた方法である。基本的には地上に置かれた給電器をまたぐように停車し充電する。

　このワイヤレス充電の方式にはいくつかの種類がある。例えば電磁誘導方式、磁界共鳴方式、電界共鳴方式などである。非接触充電の主流は電磁誘導方式で、伝送効率が高いのが長所。ただし伝送距離は10cm程度と短く、送電コイルと受電コイルの位置ずれにシビアで、効率が低下しやすい欠点がある。そのため自動車の場合は電磁誘導方式は不向きとみられている。

　そこで有力視されているのが磁界共鳴方式である。その原理は音叉の反応と同様のものである。同じ固有振動数の音叉の片方を響かせると、離れたところに置かれたもう片方の音叉も響き出す。これと同様に1次コイルの磁界変動が2次コイルに磁界変動を起こして電力を伝える。磁界共鳴方式は伝送距離が1～2mと長く（周波数によりもっと長くなる）、位置ずれに対してもシビアでないのが特徴である。ただ、ワイヤレス給電は交流で伝送し、車両側で直流に変換して車載電池に充電する。その送電電力は数kW～22kW程度で普通充電か、せいぜい中速充電といえるものである。

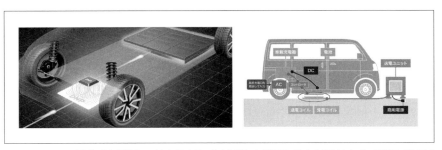

スマートフォンの充電などと同様のワイヤレス充電。地上に置いた送電コイルを車両がまたぎ、受電コイルで電力を得て直流にしてから電池に充電する。

基本的には、充電は駐車時に行なうのが普通だが、定期運行バスが停留所で短時間の充電を繰り返すという構想もある。また、将来展望としては市街地の交差点付近の道路下に給電器を埋め込み、車両が信号停車するたびに短時間ながら充電を繰り返すといった考え方もある。

■ワイヤレス充電（非接触充電）②
　電車は走行しながら、架線からパンタグラフを介して電気を受け取っている。トロリーバスも同様に架線からの電気で走行する。運行コースの決まった走行では架線からの給電でよいが、普通の乗用EVではそうはいかない。そこで走りながらの非接触給電が考えられる。

　走りながらの給電は、基本的には道路下に埋め込まれた給電器から電気を受け取るもので、まずはその道路の整備が必要になる。すでに走りながらの給電の開発のため、そうしたテストは内外で行なわれているが、まだその規格の策定も行なわれておらず、基礎的研究開発の段階である。最初は高速道路から始まると思われるが、実用化はまだだいぶ先になるだろう。ただ、これが実現して普及したら、リチウムイオン電池のエネルギー密度の向上に血道を上げることなど意味をなさなくなる。大きな電池を積む必要はなく、EVの世界は大きく変わることになる。

走行中にワイヤレスで充電できれば小さな電池の搭載で済む。世界的に走りながらの充電は研究されているが、これは東京大学の実験車。

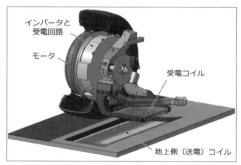

走りながらの充電のためには送電側コイルを道路に埋め込む。その上を受電コイルを持った車両が通り充電される。これも東京大学の実験車（3号車）の例で、インホイールモーターとしている。

第3章　　CO₂排出ゼロの技術①　電池の現状と急速充電規格

モーターの現状と展望

　モーターにはいろいろな種類がある。大きく分けると直流モーターと交流モーターに分かれる。今日の自動車にはワイパーを始めウインドウの開閉用、ミラーの折りたたみ用、ヒーター等、多くのモーターが使われている。これらは直流モーターが普通だが、電動車の駆動用モーターになると、交流モーターが普通になる。交流モーターにも種類があり、テスラが誘導モーターを使うという例外はあるが、量産車では同期モーターが普通である。

　交流同期モーターはローターに永久磁石を備え、ステーターにコイルを配した構造のモーターで、他の形式のモーターより出力密度が高い。すなわち大きさの割に出力が出るモーターである。ステーターコイルの回転磁界をローターの永久磁石が追いかけるように回転するが、常に回転磁界と同期して回るのでその名がある。

　交流同期モーターが電動車の駆動用に使われるようになったのは、パワー半導体であるIGBT（Insulated Gate Bipolar Transistor＝絶縁ゲート型バイポーラトランジスター）を使ってVVVF（Variable Voltage Variable Frequency＝可変電圧・可変周波数）といった技術により、自在に電圧と周波数を変えられるインバーターができたからである。すなわち、同期モーターは周波数により回転数が決まるから、周波数制御でモーターの回転数を制御できるわけである。なお、この技術は鉄道から来ている。

■モーターの損失

　内燃エンジンの効率は40〜45％で、さらに50％超えを目指している情況である。それに対しモーターの効率は90％前後であり、エンジンと比較するとかなりよい。それでも10％前後の損失があるわけだが、その主な損失は銅損と鉄損、そして機械損失である。銅損は主にコイルの巻き線の電気抵抗によるもので、発熱して熱となって逃げていく。これは電流の二乗に比例して大きくなるので、急加速などモーターに過酷な運転をするほど損失は大きくなる。

　鉄損はコイルの中の鉄心に発生する損失で、ヒステリシス損失と渦電流損失を合わせた損失である。どちらの損失もコイルの電流の変化により磁界が変化したり、コイル

111

の磁界が移動したりすることで発生する。

　ヒステリシスというのは、コイルの磁界が高まるにつれて鉄心の磁束密度が高まっていき、ピークに達すると今度は逆に磁界密度が下がりだし鉄心の磁束密度が下がる。この時、上がるときの経路と同じ経路で下がるのではなく、異なる経路をたどる。これをヒステリシス現象というが、経路で囲まれた面積分がその損失になる。

　渦電流損失は鉄心に発生する渦電流が熱となって逃げる損失である。したがって鉄心の材料は「磁気は通りやすいが電気は流れにくい」材料が望まれる。そこで軟磁材料であるケイ素鋼板が使われるのが普通である。なお、渦電流の大きさは厚さの二乗に比例するので、薄い鉄板を重ね合わせた積層鉄板を使い、渦電流の発生を小さくしている。

　機械損失は主にローターの軸受けで発生する摩擦損失で、これにローターの回転による空気抵抗が加わる。しかし、エンジンの機械損失と比べたら小さいものといえる。

■磁石

　交流同期モーターには永久磁石が使われている。このローターの永久磁石はステーターの電磁石とともに磁界を作る働きをする。モーターのトルクは磁界の強さに比例して増大するので、モーターの性能を高めるためには磁石は強いほうがよい。そこで広く使われているのがネオジム磁石である。今のところネオジム磁石が、磁石の中でいちばん強い磁力を持っているとされている。ただし、弱点として高熱が加わると磁力が減りやすいことがある。その熱対策として、ジスプロシウムやテルビウムといったレアメタルを加えて、磁力の低下を抑えている。ネオジム自体がレアアース（希土類元素）に分類され、それに加えてレアメタル（希少金属）も必要なことから、磁石の中では一番高価である。そこで、これらの量を減らしたり、代替したりできないかの研究開発も進められている。

■ステーターコイル

　ステーターコイルは狭いスペースにどれだけの巻き線を収めるか、で磁界の強さが左右される。すなわち高占積巻き線技術が重要になっている。断面が丸い丸線では巻いたときに空間ができるので、平角線が使用されている。巻き線の巻き方は集中巻と分

第3章　CO₂排出ゼロの技術①　電池の現状と急速充電規格

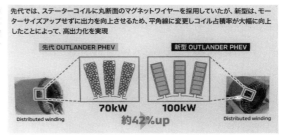

ステーターコイルの巻き線の密度は出力を左右するので重要である。これは丸断面のワイヤーから平角線にして密度を42%アップした三菱アウトランダーのモーター例。

布巻がある。集中巻は1つのステーターに何重にも巻く方法で、コイルエンドを小さくできるのが長所。分布巻は複数のステーターにコイルを巻いたもの。複雑でコイルエンドが大きくなりがちだが、回転磁界を正弦波に近づけることができ、高調波鉄損やトルクの変動を抑えられる。電動車の駆動モーターは分布巻が多い。

■モーターの冷却

　エンジンに比べれば効率が良いとはいえ、モーターにも損失があるので必ず発熱する。産業用モーターには自然空冷もあるが、電動車の駆動用モーターでは発熱量も大きいので積極的な冷却が必要である。駆動用モーターは小型軽量化を図り、より高回転化が進められている。高回転化すると周波数の二乗に比例して鉄損が増え、発熱量も増加する。冷却方法はやはり水冷が多い。ウォータージャケットはモーターハウジングに設けるが、筐体が大きくなるので、それを小さくできる油冷を選ぶこともある。

内燃エンジンほどではないが、モーターも高出力を発揮すればするほど発熱するので駆動用モーターでは冷却が必要になる。これはシェフラーの油冷800Vモーターの例で、外側にオイルのジャケットがある。

113

■インホイールモーター

　インホイールモーターとは、ホイールの中に組み込んで直接タイヤを駆動するモーターのことで、そのようなレイアウトの駆動方式もそのように呼ばれる。実際にはホイールの中にはブレーキシステムが収められているのが普通であり、さらにモーターを組み込むので、ユニットがかなりはみ出しているものもある。モーターの回転数は通常エンジンの回転数の倍以上あるので、広い範囲の回転数を使うためには減速機が必要になり、モーターと減速機を一体にしたものをホイールに収める。減速機の損失を避けるために、モーターの低回転化やアウターローター化することなどで減速機レスとする試みもある。2輪だけをインホイールモーターにする場合と4輪すべてをする場合とがある。

　インホイールモーターの利点はいろいろあるが、まずドライブシャフトやプロペラシャフトが不要になることがある。また左右独立して制御するので、ディファレンシャルギヤも不要になる。ボンネット内の必要空間が小さくなるので室内空間を増やせるほか、フロント部のデザインの自由度も広がる。

　それよりも大きい利点は、各輪の独立制御が可能であることである。2輪であれば左右、4輪であれば前後も含めていかようにも制御できる。これはスタビリティコントロール性能を高め、安全性を格段に高められる。モーターの反応速度はエンジンの100倍以上といわれ、トルク、制動など瞬時に各ホイールに反応させることができる。

　ただし、インホイールモーターには防塵、耐久性、冷却など大きな課題もある。モーターは路面からの振動や衝撃をもろに受ける。ホイールベアリングの負担も大きい。ハー

考え方は古くからあったインホイールモーター。利点が多い反面、課題も多くなかなか実用化されなかったが、4輪でもいよいよ実用化が始まろうとしている。

ネス類の可動部分があるので、それらを含めた耐久性も考慮しなければならない。路面からの小石や泥水、チリ、ホコリにさらされるので防塵対策も重要となり、オイルシールにも過酷である。さらに狭いところに押し込んだモーターの冷却をどう確保するかも大きな課題である。

重いモーターがばね下にあるので乗り心地や接地性を悪化させるともいわれるが、これについてはバネやショックアブソーバーによるセッティングで実用上問題ないレベルに仕上げることが可能になっている。むしろ各ホイールの制御により姿勢を安定化させることができる場合もある。例えば4輪インホイールの場合、前後ホイールの制御によりブレーキング時のピッチング（前のめり）を抑えることが可能である。2輪車では実用化が進み、4輪車でも一部使用され始めており、量産化は近いといえよう。

■インバーターの進化

駆動用のモーターはほとんどが交流同期モーターである。それに対して電池の電源は直流であり、その駆動のためには直流を交流に変換しなければならない。その直流を交流に変換する装置がインバーターであり、EVはもちろんHEVなど電動車には必須である。電動車用のインバーターでは半導体のなかでも大電力を扱うパワー半導体と呼ばれるものを使い、その回路部で三相交流電力に変換される。課題としてはまず放熱性の良さが求められる。大電流でスイッチング動作をすることで、必ず熱損失が出る。スイッチング1回の損失は小さくても、周波数が高まれば大きな熱損失となる。そのため、冷却が必要になる。小出力の場合は放熱用フィンなど、ヒートシンクと呼ばれる放熱器を付けるが、従来のアルミからより放熱効率の高い銅製への変更がなされたりしている。EVなど大きなモーターを回し続けるものでは、水冷式の冷却装置を備えるのが普通である。

後述するe-Axle（eアクスル）では、インバーターはほとんどがモーターの上に配置されるので、薄型化が求められている。インバーターをフロントに装備する場合、ボンネット高さが増すことでエクステリアデザインに影響を与えるとともに、空気抵抗を増やすことにもなる。リアに装備される場合はトランクルームを狭めることになる。そのためにも冷却効率は重要になっている。

パワー半導体のモジュールにはSi（シリコン＝ケイ素）を使うのが主流になっているが、今後はより高性能化が可能で熱伝導性の高いSiC（炭化シリコン）が増えていく状況にある。コストは上がるが、SiCパワー半導体とすることで薄型化とともに全体を小型化することが可能になる。

SiC以外のパワー半導体としてはGaN（窒化ガリウム）、Ga_2O_3（酸化ガリウム）などの研究開発が進められている。

なお、電動車にはインバーターのほかにDC-DCコンバーターも必要となる。これは直流を電圧の異なる直流として取り出すもので、例えば何百Vかの駆動用の電池の電流を電装品のための鉛バッテリーに流すために13V程度に降圧したりするのに使われる。

■e-Axle（eアクスル）

e-Axleとはモーター、ギヤセット、インバーターの3つを一体化した駆動ユニットをいう。ギヤセットをトランスアクスルという説明もあるが、それはトランスミッションとディファレンシャルギヤを一体化したものを指している。しかし、トランスミッションというと多段を思わせるが、モーター駆動の場合は回転の守備範囲が広いので変速しないか、せいぜい2段切り替え程度で、多段になることはあまりない。

ギヤセットの重要な役割は減速機としての機能である。モーターの回転数はエンジンと比べると格段に高いので、タイヤに回転を伝えるまでに大幅な減速が必要になる。この減速機能に遊星歯車（プラネタリーギヤセット）を使うと1軸（モーターと同軸上）で減速ができ、より小型化が可能になる。なお、ディファレンシャルギヤは通常の構造と機能となる。

e-Axleを使うメリットは小型化、軽量化、低コスト化、電費向上などが上げられる。従来のエンジン＋トランスミッションのパワートレーンと比べるとその体積は半分以下ともいえる。小型軽量化は省スペースになるとともに、電費にも好結果をもたらす。

e-Axleは最初、日本電産がEV用に量産し中国のEVに搭載したことから始まったが、今日ではサプライヤーと呼ばれる大手部品メーカーの多くが手掛けている。自動車メーカーは内製するより部品メーカーから調達したほうがコストを抑えられるとして、外部調達が当たり前になってきている。EV用だけでなく、FF車に後輪駆動用の小型の

第3章　CO₂排出ゼロの技術①　電池の現状と急速充電規格

e-Axleの概念図。モーター、ギヤセット、インバーターを一体化した駆動ユニットである。

Blue Nexus、アイシン、デンソーの3社が共同開発したe-Axleの例。

　e-Axleを搭載することで、4WD化するなどにも使える。サプライヤーも小出力から大出力まで、多くの仕様を揃えて自動車メーカーの要求に対応しようとしている。

117

第4章　　CO₂排出ゼロの技術②　カーボンニュートラル燃料とエンジン

第4章
CO₂ 排出ゼロの技術②
カーボンニュートラル燃料とエンジン

　CO_2排出ゼロを達成する手段はEV化だけではない。従来使ってきたガソリンエンジンやディーゼルエンジンでも、燃料次第でCO_2排出ゼロは達成できる。すなわち、排気口から排出されるCO_2がゼロまたはゼロとカウントされる燃料を使うことである。それはバイオ燃料、水素燃料、e-fuel（合成燃料）の3つである。このうちバイオ燃料とe-fuelは基本的に従来エンジンをそのまま使って、セッティングの変更レベルで活用できる。水素燃料は燃焼特性が従来の燃料とは大きく違うので、燃料噴射や点火など、ハードとソフトに新たな技術開発が必要な部分はあるが、エンジンの基本構造に大きな変化はない。従来のエンジンをベースに水素燃料エンジンが作れる。

　これらの燃料が使えれば、現時点では弱点を持っているEVとは別の意義をもった存在価値が生まれる。問題は燃料のコストをいかに下げられるかにあるといえる。

┃バイオ燃料

■CO₂を排出するバイオ燃料がなぜカーボンニュートラルか

　化石燃料といわれるガソリンや軽油を内燃エンジンで燃焼させると、CO_2を排出する。しかし、エタノールなどのバイオ燃料でもCO_2を排出することに変わりはない。それでも

119

バイオ燃料はCO_2を排出してもカーボンニュートラル、すなわちCO_2の排出としてカウントされない。それはなぜか。

バイオ燃料は、その生育の段階でCO_2を吸収しており、燃料として使用する段階で排出されるCO_2は、単にそれを吐き出しているだけであり、プラスマイナスゼロ、という考え方である。これに対し、化石燃料の場合は太古の昔に溜まっていたCO_2を現代に持ち出すということで、環境の違う現代に大きな影響を及ぼす。

化石燃料といわれる石油や石炭は、数億年の昔にプランクトンや樹木などの動植物の死骸が海の底にたまり、バクテリアにより分解されたり、地熱で暖められたり、地中深くに埋もれて圧力が掛かって、動物は石油や天然ガス、植物は石炭になったとされている（他の説もある）。

それに対し、バイオ燃料は木材にしても通常は100年も経っていないし、ユーグレナに代表される藻類によるバイオ燃料は数カ月単位の過去の話である。億年単位、近くても2000万年前のCO_2とでは意味が異なる。同世代に生じたCO_2ではあるが、化石燃料は人類がまだ生まれてもいない頃に作られたCO_2を、今になって取り出すわけであり、同じCO_2でも地球環境に及ぼす影響は全く異なる。

■バイオ燃料の種類

バイオマスとは動植物などから生まれた生物資源の総称で、これらの資源から作る燃料をバイオマス燃料と呼び、通称バイオ燃料と略される。木質ペレットなどの固体燃料、エタノールやBDF（バイオディーゼル燃料）などの液体燃料、そして気体燃料などがある。このうち自動車用燃料としては主に液体燃料で、エタノールやBDFが期待されている。

●エタノール

エタノールは慣用名で、国際化学命名法ではエチルアルコールで、いわゆるお酒のアルコールと同じものである。化学式はC_2H_5OH。似たものにメタノールがあるが、これはCH_3OHで、燃料にもなるが、毒性があるので現在は自動車用としては使われず飲料にもならない。ほとんどが天然ガスから作られるので、バイオ燃料ともならない。

第4章　CO₂排出ゼロの技術②　カーボンニュートラル燃料とエンジン

　エタノールは廃食油を原料として精製する方法が古くからあり、廃物の有効利用にもなるが、量的には限度がある。大量生産の場合の原料はサトウキビやトウモロコシが多く、ブラジルや米国で多く生産されている。しかし、これらは食用との競合の問題がある。そこで、木材、わらやもみ殻などセルロース系の原料による第2世代バイオエタノールの開発が進められている。ただ、セルロースは簡単に分解できないので、生産工程は複雑になる。

　さらに藻類を原料とする第3世代バイオエタノールの研究も進められている。藻類は単位面積あたりの生産効率が非常に高いのが特徴で、CO_2の吸収効率は森林の10倍といわれる。大量生産は必須だがまだコストが高く、その低減が大きな課題となるが、e-fuelとともに今後への期待は大きい。

　エタノールの自動車用燃料としての一般的な特徴には以下のようなことがある。まず、オクタン価が高く、セタン価が低いため高圧縮比でも自着火しにくく、ディーゼルノックが起こりやすい。これは火花点火(SI)エンジンに適して、圧縮着火エンジンには適さない。すなわちガソリンエンジン用燃料である。

　その他に、エタノールは発熱量がガソリンより小さい。したがって燃費(燃料の容量あたりの走行距離)がよくない。冷間時の始動性が悪いので未燃燃料の排出が多く出る可能性がある。排気を見ると一酸化炭素(CO)やスス(黒鉛)が少ない。硫黄酸化物(SOx)の排出も少なく、触媒にやさしいことなどがある。

　先進国では、ある程度のエタノール量をガソリンに混入することを規定しているところが多い。その分CO_2を減らせるという考えである。日本においてもしかりだが、輸入に頼るエタノールはガソリンより価格が高く、その量は多くはない。その混入率でE5とか

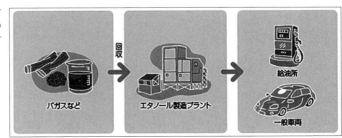

バイオエタノールはすでに実用化されている重要なカーボンニュートラル燃料である。

E10とかいうが、E5はエタノール5%ガソリン95%の燃料である。日本では3%までならガソリンエンジンにそのまま使っても問題は起きないとされ、2003年に3%までの混入が認められた。E10に対応した車両には給油口付近に対応車であることを表すラベルが貼られており、その場合はE10の給油が可能である。世界的にはE10までは普通に使われている。

　ガソリンエンジンにエタノールの混入割合が多い燃料を使用した場合には、いろいろ影響が出る。まずは燃料供給系への影響である。金属の腐食、ゴムの膨潤、樹脂の劣化への対応が必要になる。また、空燃比が希薄になるので理論混合比で有効に作用する三元触媒の効果に問題が出る。空燃比が希薄になるとCOとHCはややよい方向に行くが、NOxが大幅に増えてしまう。

　海外ではサトウキビの生産量の多いブラジルのエタノール燃料が有名である。ブラジルのガソリンには20〜24%のエタノールが混入されており、ガソリン100%はない。したがってE20かE100を選ぶようになっている。車両のほうはガソリンでもエタノールでも走れるフレックス車が9割以上普及しており、トラブルなく使用できるという。

　実はエタノール生産で世界一は米国で、ブラジルのサトウキビに対して、こちらはトウモロコシを原料としている。輸送用の燃料のガソリンや軽油に対しては、バイオ燃料を混合する最低限の使用量を義務づけている。したがってE10ガソリンが広く普及している。また、E85まで対応するフレックス車も市販されている。

　インディ500マイルレースで有名なインディカーシリーズでは、エタノール85%、ガソリン15%の燃料、いわゆるE85が使われていたが、2023年からエタノール100%燃料になった。インディカーは早くからアルコール燃料に取り組んできた歴史がある。当初はメタノールであったが、毒性の問題からエタノールに替わっている。インディカーにはシボレーとホンダがエンジンを供給しているが、ホンダは早くからアルコール燃料のエンジンに取り組んでおり、それだけにエタノール燃料エンジンのノウハウを持っている。

●バイオディーゼル

　バイオマスは太陽光と大気中のCO_2で生育する植物だが、その原料と製法によりディーゼルエンジンすなわち圧縮着火エンジンに適した燃料ができる。いわゆるBDFで

ある。火花着火エンジンのエタノールはサトウキビやトウモロコシなどが原料であるが、圧縮着火のバイオディーゼルは菜種油、パーム油、大豆油といった植物油のほか魚油、廃食用油などが原料になる。多くはFAME（Fatty Acid Methyl Esters）といわれる脂肪酸メチルエステルで、廃食油にメタノールを反応させることで主成分のトリグリセリドが低分子化され、粘度の低いFAMEへと変換されてできた燃料である。酸化劣化しやすいとか噴射系の腐食やデポジットができやすいなど課題もあるが、いろいろ対応策を取っている。

今後の進展が期待されているのが、藻類を原料としたHVO（Hydrotreated Vegetable Oil）といわれる軽油・灯油成分を持つ水酸化分解油である。藻類の燃料としてはユーグレナが有名だが、「サステオ」と名付けたHVO燃料を使ってマツダは「MAZDA 3 Bio concept」でスーパー耐久レースに参戦している。また、ユーグレナ社はいすゞとも共同でサステオを開発し、バスを使って実証テストをしている。バイオは光合成で成長するが、藻類はその成長が早く、培養方法で油の種類や量を変えることができる。ディーゼル用やジェット燃料としても期待されている。

ただし、バイオ燃料はやはりコストが高いのが最大の課題であり、実用化には大規模大量生産が必須の要件になる。エタノール同様、バイオディーゼルでも一定割合を軽油に混入することが行なわれている。

藻類の代表格ユーグレナの燃料「サステオ」を使用して耐久レースを戦う「MAZDA 3 Bio concept」

e-fuel

■e-fuelとはなにか

　e-fuelとは、カーボンリサイクル技術によって大気から回収したCO_2と、再生可能エネルギー由来のH_2から合成した液体燃料のことである。燃焼後にCO_2は排出されるが、新たなCO_2の増加にはならずカーボンフリーとしてカウントされる。世界はEV化に向けて加速するとともに、ガソリンエンジン、ディーゼルエンジンの2035年～2040年以降の販売禁止の動きもあったが、e-fuelが実用化されれば、内燃エンジンの販売を禁止する理由はなくなる。ガソリンエンジンやディーゼルエンジンはe-fuelでほとんどそのまま使い続けることができる。

　e-fuelの特徴は、液体燃料だからガソリンや軽油同様にエネルギー密度が高いことだけでなく、使い勝手がよく長期貯蔵も可能であることなどである。ただ、現状ではコストが高く、いかに安く製造できるかが課題である。なお、e-fuelにはガソリン代替(火花点火用)のものと、軽油代替(圧縮着火用)のものがある。ガソリン代替としてはメタン、メタノール、フラン、e-ガソリンなどで、軽油代替としてはDME(ジメチルエーテル)、OME(ポリオキシメチレンジメチルエーテル)、e-ディーゼルなどがある。

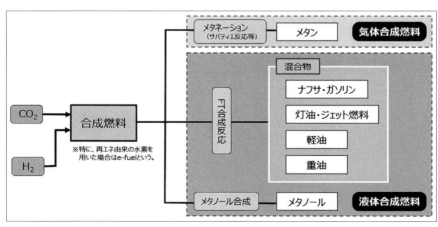

e-fuel(合成燃料)はガソリン代替や軽油代替などいろいろな性状に作ることができる。

第4章　CO₂排出ゼロの技術②　カーボンニュートラル燃料とエンジン

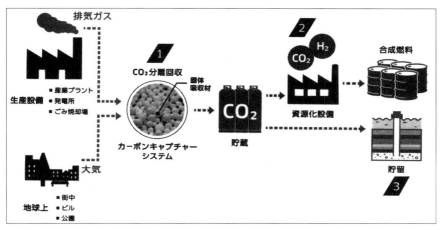

e-fuelを作るためにはカーボンニュートラルの水素が必要で、CO₂もDACにより大気中から取り出したCO₂を使わなくてはならない。

■e-fuelにはDAC（ダイレクトエアキャプチャー）が必要

　e-fuelの合成に使う回収CO₂は、工場などで排出する高濃度のCO₂を使う場合は、その段階ではCO₂排出ゼロとされるが、e-fuelとして使った後にはCO₂が大気中に排出されるので、CO₂の削減はトータルで半減するだけにとどまり、カーボンニュートラルの達成にはならない。前述のようにやはり大気中に拡散しているCO₂を回収、濃縮して使うのが基本である。空気中のCO₂を回収することをDAC（Direct Air Capture）というが、この技術の確立がe-fuelには必須である。

　DACは固体の吸着剤や液体の吸収液によりCO₂を吸着・吸収させ、その後加熱などによりCO₂を分離、回収する手法が一般的である。カーボンニュートラルが叫ばれるようになると、世界中でその研究開発が行なわれており、すでに実用化している海外メーカーもある。日本でもDACの技術は古くから潜水艦や宇宙船などの閉鎖空間において、人間の呼気由来のCO₂除去のために研究開発されてきた。しかし、排出される温室効果ガスよりも吸収されるガスが多くなる、カーボンネガティブを意図した大規模なDAC開発では日本は遅れをとっている情況である。

　日本では川崎重工業が多孔体にアミンを担持した固体吸収剤を用いて、CO₂の回

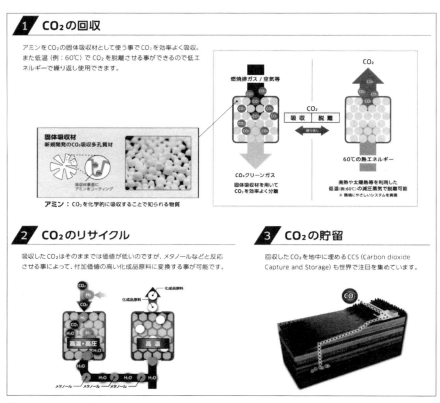

CO_2は回収することができるし、リサイクルすることもできる。また地中に埋めて固定化することもできる。

収を省エネルギーで実現している（アミンとはアンモニアNH_3の水素原子を炭化水素基で置き換えた化合物の総称）。省エネルギーというのは、吸収剤に固着させたCO_2を分離するのに熱エネルギーが必要になるが、それを通常では有効利用しにくい100℃以下、60℃ほどの熱でも行なえるというもの。すなわち、太陽光熱、未利用排熱等を利用できる。実証実験では、一日に5kgの回収性能が確認されており、CO_2濃度も95％以上という。まだ規模は小さいが2025年の実用化を目指しているという。また、三菱重工では他企業と共同開発した独自の固体吸着剤を用いて、1日に数10kgのCO_2回収の実証試験を始め、2025年には1日数トンの回収をする実証プラントを立ち上げる

第4章　　CO₂排出ゼロの技術②　カーボンニュートラル燃料とエンジン

という。

　大気中のCO_2濃度は0.04％で火力発電所の排ガスの100〜300分の1と非常に薄い。そのためCO_2回収の効率は低く、コストが高くなっており、その低減が課題である。ただ、設置場所についてはあまり場所を選ばないのは利点で、運搬費用は削減できる。回収したCO_2の多くはCCS（二酸化炭素回収・貯留）と組み合わせて地中に貯留されるはずだが、e-fuelの合成に使用したり、植物の生育増進に使用したりできる。

■フィッシャー・トロプシュ法

　フィッシャー・トロプシュ法とは石炭や天然ガスを原料として液体炭化水素を合成する方法で、FT合成法ともいう。ドイツのF・フィッシャーとH・トロプシュが1920年代にあみ出した手法で、液体燃料を製造する方法として使われている。化学反応は大きくは2つに分かれている。まずは石炭、天然ガス、バイオマスなどを高温の水蒸気で分解しガス化する（合成ガス）。次に切断された合成ガスの炭素を触媒を使って液体燃料になるようにつなぎ直す。合成ガスは一酸化炭素と水素の混合ガスで、常圧または加圧状態で200〜300℃として分解する。そしてコバルトなどを触媒として液化炭化水素、すなわちe-fuelとする。

■e-fuelの課題

　e-fuelの課題は製造技術の問題よりコストの高さにある。そしてコストの内訳で最も高いのが水素の調達である。合成された燃料にもよるが約3分の2とか4分の3が水素のコストであり、水素をいかに安く入手するかでほとんどe-fuelのコストが決まってしまう。ほかにはCO_2の調達もあるが、DACによるものであっても電気分解して得られる水素に比べればそれほど高くない。そのほか合成にかかるコストでは触媒と投入するエネルギー代がある。

　触媒として使える元素はコバルト、鉄、ルテニウムの3種しかないが、ルテニウムはもともと高価で使えず、鉄は反応温度が高く炭素の組み替え性能が劣るため、液体燃料の生産量も下がるという欠点があり、やはりコバルトが多用されている。ただ、触媒のコバルトも希少金属で、電池にも使われるため価格が高騰しておりコストアップの要因

になっている。そのためコバルト使用量の削減が求められており、その技術開発が進められている。また、触媒の改良などにより加える温度や圧力を減らして収率を高める開発を進めている。

　水素は再生可能エネルギー由来のものが前提だが、当面、水分や不純物の多い石炭である褐炭とCCSによる輸入ブルー水素を使えば水素のコストも下げられる。その意味ではガソリンや軽油の7〜10倍ともいわれるe-fuelの価格も大幅に下げられる可能性がある。

水素燃料とその動力源

■水素を使う意義

　水素は元素の周期表でいちばん最初に出てくる元素である。通常の水素原子は陽子一つに電子が一つ。最も素朴で基本的な元素といえる。宇宙の始まりであるビッグバンが起こり、宇宙が膨張するとともに温度が下がると、最初にできたのが水素であるという。最も軽い元素であるのも特徴である。化学記号はHだが、安定した分子として通常はH_2として存在する。さらに安定した状態のH_2O、すなわち水として多く存在する。

　水素を燃料として使う最大の意義は、再生可能エネルギーであることである。どんな

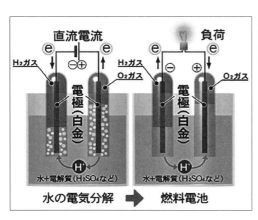

水素は水を電気分解することで得られる。燃料電池は水素と空気中の酸素の反応で電気を作るが、燃料電池にこの逆をやらせれば水素が得られる。

第4章　CO₂排出ゼロの技術②　カーボンニュートラル燃料とエンジン

化石燃料でも一度燃やしてしまうと元には戻らない。しかし水素は燃焼しても熱と水になるだけであり、水はエネルギーを与えることにより再び水素として取り出すことができる。エネルギーさえあればいくらでも再生できる。

　水素を得る方法には、水から得る方法と化石燃料から得る方法がある。水から得る具体的な方法は水の電気分解である。燃料電池の逆の方法で、電気エネルギーを与えることで水素（と酸素）を得る。この電気を再生可能エネルギーである太陽光発電や風力発電で得られた電気とすれば、CO_2を出さずに水素を得られる。

　化石燃料から水素を得る方法では、必ず炭素Cが出てしまう。石炭、石油、天然ガスなど化石燃料はすべて炭化水素、すなわち水素と炭素の化合物であり、その中から水素を取り出すと炭素が残る。その残った炭素が酸素と化合してCOやCO_2となってしまう。したがってカーボンニュートラルを目指すにはやはり電気分解によって水素を得る必要がある。

　水素を作るのに電気を使い、その水素で発電をするということには非効率として、疑念を抱く人もいるかもしれない。電気を溜めておければ問題ないが、そのためには蓄電池が必要になる。しかし、リチウムイオン電池は、性能はよいが高価である。定置用と

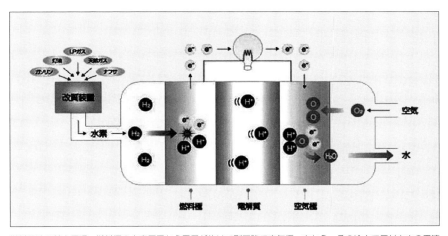

燃料電池の基本原理。燃料極の水素原子から電子が抜けて別回路で空気極へ向かう。その途中で反対向きの電流として仕事をする。電子の抜けた水素原子は水素イオンとして電解質を通って空気極へ行き、回ってきた電子と酸素に出会って水（湯）になる。

してはNaS（ナトリウム硫黄）電池やレドックスフロー電池があり、すでに実用化されているが、今後予想される膨大なエネルギーをすべて蓄電池でまかなうには無理がある。水素にしておけば、そのまま使ってもよいし燃料電池で電気に変換して使ってもよい。

　今後は化石燃料に替わって水素を輸入する計画がある。オーストラリアには豊富に褐炭がある地域があるが、燃料としては質が悪く使えない。この褐炭から水素を取り出し、日本に運ぶ計画が進んでいる。排出されるCO_2は現地でCCSにより地中に貯蔵・固定する。中東などの産油国でも、石油・天然ガスの将来を考えて、今のうちに豊かな太陽光を利用して大規模太陽光発電を行ない、水素にして輸出することを考えている国もあるという。

　電気は送電ロスが大きいため、国内においても長距離の移送には無理がある。ましてや、極東の島国の日本が海外から電気のまま輸入することなど考えられない。電気として得られたエネルギーでも、水素に変換して輸入することになる。水素であれば国内の島しょ部までも移送ができる。

■水素の燃料としての特徴

　水素は着火限界が4.5〜75%と非常に広い。濃いめでも薄めでも燃焼する。空気過剰率λでいうと$λ=10〜0.1$と超希薄燃焼も可能である。また、希薄水素は燃焼速度が非常に速いのが特徴である。ガソリンの6倍以上の速さで火炎伝播する。ただし発熱量はガソリンの31.1MJ/Lに対し8.52MJ/Lとかなり小さい。また、水素は材料をもろくしてしまう水素脆化（ぜいか）がある。これらが水素の大きな特徴である。

　このような特徴からいろいろなメリット、デメリットが見えてくる。メリットとしては、理想的なオットーサイクルに近づき熱効率が高いことがある。通常のガソリンエンジンの燃焼はオットーサイクルとはいいながら、実際は図形でいうと角の丸まった形のものである。燃焼速度が速いと丸みがより角に近づくことで、高等容度が得られ、熱効率が上がる。また、出力の制御をディーゼルエンジンのように燃料の量で制御できる。そのため吸気バルブで吸気を絞る必要がなく、ポンピングロスが小さいのもメリットである。

　さらに、高圧縮比化によるノック限界が広くなり、高比熱比化で燃焼温度を下げることができる。これはデメリットのNOx排出を抑えることにつながる。これに大量クールド

第4章　CO₂排出ゼロの技術②　カーボンニュートラル燃料とエンジン

EGRを行なえばさらに抑えられる。最終的にNOx用触媒を必要としても、ガソリンやディーゼルエンジンよりもかなり小さいもので済ますことができる。

■水素の種類

水素にはグリーン水素、ブルー水素、グレー水素、さらにターコイズ水素、ホワイト水素といった色で表す種類がある。これらは元素としての水素に変わりはないのだが、その製造方法により分けている。グリーン水素は再生可能エネルギー由来の電気により電気分解して得られる水素。生産段階でCO_2の排出のないカーボンニュートラルの観点からは理想的な水素である。将来的には光触媒による方法なども考えられる。ブルー水素は天然ガスや石炭など化石燃料から得た水素だが、そこで発生したCO_2をCCSにより地中に閉じ込めるなどした場合の水素。そしてグレー水素はCO_2を閉じ込めずに大気に放出した場合の水素で、これはクリーンとはいえない水素である。グレー水素をさらに細分化し、天然ガス由来をグレー水素、石炭由来をブラック水素、褐炭由来をブラウン水素とすることもある。ターコイズ水素はメタンを直接分解して水素を取り出すが、炭素を固体として分離するので大気へのCO_2放出がないというもの。生産段階ではカーボンニュートラルだが、炭素Cを使って最終的に大気へ放出するならカーボンニュートラルとはいえなくなる。原子力発電で作った水素をピンク水素と呼ぶ場合もある。製鉄所やソーダ工業の工程で発生する副生水素も利用されているが、これはグレー水素になる。今ではこれをホワイト水素ということもあったが、現在はホワイト水素というと後述の天然水素に対して使われる。

当面われわれが目指すのはグリーン水素で、それでなくてもブルー水素でなければカーボンニュートラルにはならない。ピンク水素は前述のようにカーボンこそ出さないが、他の有害物を出すことを認識しておかねばならない。

■期待されるホワイト水素

水素は一次エネルギーで天然にはないとされることが多かったが、これは存在しても純度や量の点で事業化できるほどにならないとして重視されていなかったことによる。しかし、最近の研究・探査によれば地中に多くの天然水素が埋蔵されていることが分かっ

てきて、熱い視線が注がれるようになった。これらは米国地質調査局（USGS）の報告書の内容で、学術会議でも紹介されている。

　天然水素研究の発端になったのは、西アフリカのマリの首都バマコから50kmほど離れた町で1987年に、井戸を掘削した時に発生していた天然水素にタバコの火が引火して爆発したことであった。この井戸は長いことコンクリートで埋められ封鎖されていたが、2012年封鎖が解かれ調査したところ、水素98%、窒素1%、メタン1%で、高い純度の水素が継続的に噴出していることが分かった。その後パイロットプロジェクトとして水素で発電を行ない地域へ電力を供給しているが、10年以上涸れることなく水素が得られているという。

　今日、世界的に地質調査が行なわれているが、世界各地で発見されているホワイト水素の埋蔵量は1兆トン、あるいは数千年分ともいわれる。すべてが商業的に成り立つわけではないものの、化石燃料を大きく上回る量が存在するという。コストもグリーン水素やブルー水素はおろかグレー水素以下が想定されている。埋蔵個所は世界的に広がっているが、日本の長野県白馬八方地方も上がっている。ただしホワイト水素が実際に流通して使われるようになるのはまだだいぶ先で、2030年代以降とみられている。

■水素の課題と現状

　水素の課題は、①製造、②貯蔵・運搬、③利用の3つに分けて考えられる。再生可能エネルギー由来のグリーン水素は理想だが、現段階では得られる水素の全量をグリーン水素にすることは、コスト面やインフラ面からも無理である。当面は天然ガスや石炭などの化石燃料の改質で製造するブルー水素を利用する必要がある。しかし、多くのエネルギーを輸入に頼っている日本の現状から、当面水素エネルギーもかなりの割合で輸入に頼らざるを得ないとみられている。しかし、国内には未開の自然エネルギーはいろいろあり、自給率を高めていって将来的には100%自給も可能と思われる。

　水素の貯蔵と輸送にはいくつかの方法がある。まず高圧のタンクに貯蔵してトラックやトレーラーで運搬する方法。次に液体水素にする方法。さらに有機ハイドライドやアンモニアとして貯蔵・運搬して、使用時に水素を取り出す方法。そしてパイプラインで直接送る方法などがある。水素の液化には−253℃の超低温にする必要があるが、体積

第4章　CO₂排出ゼロの技術②　カーボンニュートラル燃料とエンジン

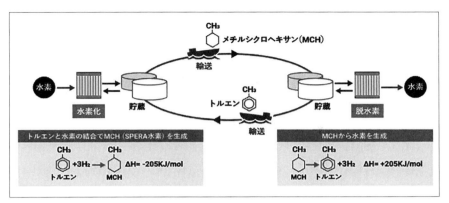

水素の3課題のひとつ貯蔵と運搬にはいくつかの方法があるが、特に有望なのが有機ハイドライドをキャリアとして使う方法。これは水素をトルエンと反応させてメチルシクロヘキサン（MCH）という液体にして貯蔵・運搬するもの。水素は使用時に簡単に取り出せて残ったトルエンは何度でも使用可能というもの。

は1/800になるので圧縮水素に比べ12倍程度の輸送効率のアップがある。すでに川崎重工業は小型液化水素運搬船「すいそふろんてぃあ」を完成させ実証運行を始めている。さらに大型と中型の液化水素運搬船の建造計画もスタートしている。

　貯蔵・運搬に関しては有機ハイドライドをキャリアとして使う方法も有力である。有機ハイドライドは常温・常圧で液体であり、圧縮水素の8倍程度の輸送効率がある。実際には水素をトルエンと反応させてメチルシクロヘキサン（MCH）とする。使うときに水素とトルエンを分離し、トルエンは再び使うことができる。ガソリンと同等の扱いができることも利点になっている。

　また、アンモニアを水素キャリアとして使う方法もある。ただし、アンモニアは漏れると臭いが強烈であるばかりでなく毒性があり、運搬・貯蔵に適しているとはいえない。ただ、アンモニアはNH₃で窒素と水素の化合物で炭素は含まれていないので、燃やしてもCO₂の排出がない。そこで連続燃焼のタービン用には期待されているほか、低回転の舶用エンジン用にも使用できるが、毒性や燃焼特性から高速回転の自動車用エンジン用燃料として使うことは想定されていない。

133

■水素の安全性

　水素というと福島の原発事故での水素爆発は記憶に新しい。古いところでは1937年に飛行船のヒンデンブルグ号が炎上した大事故があった。これらから、水素はすぐに爆発する危険なものと思われがちである。確かに水素はロケットの燃料にするくらいだからよく燃え、取り扱いを間違えれば危険といえる。しかし、意外にも水素はガソリンよりも安全ともいえる。

　水素は物質の中で最も軽いため、空気中では上方に昇っていく。例えばガレージで水素燃料車の水素が漏れたとしても、上方に抜け穴が開けてあればそこから自然に外に逃げていき、拡散霧消してしまう。原発建屋の水素爆発はこれができなかったために起こった。ヒンデンブルグ号は記録映像からも「爆発」ではなく激しく燃えたというのが正しい。

　水素燃料車がガソリン車と衝突し、ガソリン車から漏れたガソリンで両車が炎上したらどうなるか。高圧の水素タンクは爆発するのではないかと思われるかもしれないが、そうはならない。なぜなら、タンクの中には水素しかなく、酸素がないのでいくら高温になっても自己着火は起こらない。そのような高温高圧になった場合は、安全弁が自動的に開き水素を放出する仕組みになっている。その時、原則として車両後方下向きの角度で火炎放射器のように火を噴くが、その状態が20〜30秒間続いて終わりになる。

　一方、ガソリン車のほうは、ガソリンタンクの中には燃料の量にもよるが空気も存在している。高温で自己着火したり引火したりしてタンク内の気化したガソリンが爆発・炎上する可能性は高い。地面にまいたガソリンでも、すぐに気化が始まるので引火したら爆発的に炎上し、近くに人がいたら高温の爆風で大やけどを被る可能性がある。少なくもガソリンと比べて水素が特に危険性が高いとはいえない。

■世界は水素社会を目指している

　水素社会とは、日々の生活や経済活動などに水素エネルギーを使うことが深く浸透した社会をいう。実際には水素と電気が双方に行き来しながら使われる姿が考えられる。例えば太陽光発電や風力発電で余った電気を水素にして蓄え、使うときには燃料電池で電気に変えて使う。あるいは水素を直接燃やしてクルマを動かしたり、発電したりす

第4章　CO₂排出ゼロの技術②　カーボンニュートラル燃料とエンジン

岩谷産業による水素社会のイメージ。エネルギーは水素を基本とし、燃焼あるいは電気に変換して使う。化石燃料は一切使わない。

る。今は化石燃料を主体としたエネルギー環境にあるが、これを徐々に水素社会に変えていくことになる。

　水素社会では、石炭、石油、天然ガスがすべて水素に置き換わる。発電は水素タービン発電。初めはわずかな水素の混焼から始まり、やがて100％水素燃焼へ。都市ガスも水素に。これも最初は天然ガスにわずかに混入するところから始まり、やがては100％水素ガスへ。家庭用燃料電池エネファームは天然ガス燃料だが、やがては100％水素で稼動する。クルマは水素スタンドで充填した水素燃料で水素エンジン車や燃料電池車が動く。

　「発電した電気で水素を造り、その水素で発電するなど非効率、電池に蓄えておけばよい」との意見もあるが、確かに電池でできる範囲のものはそれでよい。しかし発電と電力消費は需給がバランスしている必要があり、余剰にできた電力は溜めておかねばならない。今日の化石燃料による発電をすべて再生可能エネルギーにした場合に、需給の度合いによっては膨大な量の電力を溜めておく必要があるが、今の電池では性能、コストの面で全く無理がある。水素はその解決策になるものであると考えられる。

なお、日本の水素社会への取り組みは早く、世界をリードする状況があったが、その後は世界各国でも熱心に取り組むようになってきている。いずれにしても、水素社会は化石燃料エネルギーから再生可能エネルギーへ根本的に変えうる社会変革なのである。

■FCEV（燃料電池車）

●FCEVの歴史

　FC（Fuel Cell＝燃料電池）は水の電気分解の逆を行なうもので、その基本原理は難しいことではなく、1839年に発見されていた。しかしこれを動力源として使うには発電能力、コストなど難問山積でほとんど研究対象にされてこなかった。最初に自動車用として研究を始めたのはアメリカのゼネラルモータース（GM）で、1960年前後に次世代の動力源としてガスタービンとともに実用化のための研究が続けられた。しかし、その道程は険しく次第に忘れ去られるようになる。FCが一般の人にも注目されるようになったのは、1965年に打ち上げられた有人の人工衛星ジェミニ5号に搭載されたときだった。閉鎖された宇宙船では排出物が水だけというFCは電源として大きな利点である。宇宙開発にとっては多少の高コストは問題にならない。

●ベンツが火を付けたFC開発競争

　1989年にカナダのベンチャー企業「バラードパワーシステム」社が小型で高性能なFCを発表して、FCが自動車用とともに民生用、産業用としても一躍脚光を浴びる。そしていち早くバラード社と提携してFCEVの開発を開始したのは当時のダイムラー・ベンツ（後のメルセデス・ベンツ グループ、以下ベンツ）であった。

　ベンツは1994年に初めて公にFCEV「NECAR 1（ネッカーワン）」を発表する。NECARとは「New Electric CAR」の略である。そして1997年には初代ベンツＡクラスをベースとした「NECAR 3」を発表するのだが、車両の発表とともに「2004年にはFCEVを量産して市販する。2004年に4万台、2007年には10万台を生産する」と宣言した。当時すでにクルマ業界は環境問題、エネルギー問題の課題を抱えており、その解決策としてFCが主流になるのかどうかは、まだ判断しかねているメーカーが多

第4章　CO$_2$排出ゼロの技術②　カーボンニュートラル燃料とエンジン

FCEVの開発競争に火をつけたメルセデス・ベンツのネッカー3（右）の発表。中央と左のネッカー1、ネッカー2はあくまでもFCのテストカーであったが、ネッカー3では画期的に小型化し実用化への可能性を感じさせた。

かった。そのため、このベンツの宣言の衝撃は大きかった。

　これを機に世界中の自動車メーカーがFC開発に前のめりになり、日本でも強弱の差はあれすべての自動車メーカーがFC開発を始める。高性能のFCを求め、多くの自動車メーカーがバラード社に駆け付けたとされている。FC開発の早かったトヨタも、RAV4ベースの当初のFCEVはバラード社のFCスタックを使うが、いち早く自社開発のスタックに切り替えた。

　2002年にはカリフォルニアの例にならって日本でも「水素・燃料電池実証プロジェクト（JHFC）が始まる。これにはトヨタ、日産、ホンダ、スズキ、三菱、日野の国産メーカーにGM、ベンツも加わって、横浜市鶴見区大黒町に設けられたJHFCパークを拠点にいろいろな走行テストやデータ取りを行なうとともに、水素ステーションを設けて水素の供給設備の研究開発も進められた。

　日本でFC開発を熱心に、そして継続的に進めたのはトヨタとホンダであった。自社の環境技術の先進性をアピールする狙いからだった。ベンツの2004年を待たずに、世界初のFCEV発売の栄誉を得ようと急ピッチで開発が進められた。結果的には、2002年12月2日、トヨタはSUVのクルーガーVベースのFCHV（この時期FCEVもハイブリッド車であるとしてこう呼んだ時期があった）4台を中央官庁に納車し、またホンダは日米同時にFCXのリース販売を行ない、両社同着で世界初のFCEV発売の栄誉を分かち合った。火付け役のベンツは2004年の4万台発売は全く達成できず、量産型

トヨタの初期の燃料電池車FCHV。ベース車両はクルーガーV。2002年12月に日本の中央官庁に4台を納車した。

ホンダの初期の燃料電池車FCX。2002年12月に日米でリース販売をした。

と銘打ったBクラスベースの「F-CELL」を欧州と米国でリース販売するのは2010年になってからだった。

● その後のFCEVの動向

　大いなる発展が期待されたFCEVだが、その後は全く伸びず、地道な開発を続けるところと撤退をするところに分かれた。

　地球温暖化問題が深刻化する中、トヨタは2014年12月になってFCEV「MIRAI」を発売、FCへの開発に力を入れていることをアピールする。さらに世間の耳目を引いたのは、その1カ月後の翌2015年1月、トヨタは単独で保有している約5600件のFC関連の特許の実施権を「無償で提供する」と発表した。この対応はFCEV導入初期段階においては普及を優先し、開発・市場導入を進める自動車メーカーや水素ステーション整備を進めるエネルギー会社などと協調した取り組みが重要である、との考えに基づくものだった。すなわち、FCEVの仲間を増やし、孤立しないようにしたいとの思惑

第4章　CO₂排出ゼロの技術②　カーボンニュートラル燃料とエンジン

トヨタの燃料電池車 MIRAI。

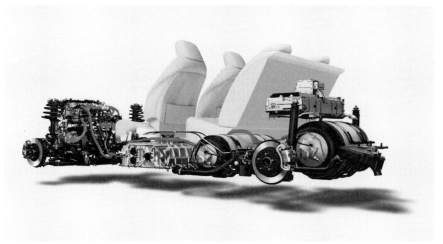

MIRAI の主要コンポーネンツ構成図。

といえる。

　なお、2015年にはMIRAIのシステムを使ってFCバスの開発を日野と進め、公開実証テストも始めている。そして2020年12月には2代目のMIRAIを発表して、FCEVへの変わらぬ意欲を示している。

　ホンダは2008年に新開発したFCEV「FCXクラリティ」のリースを米国と日本で開始する。さらに2016年にはクラリティの2代目「CLARITY FUEL CELL」のリース販売を始める。ところが、2021年、ホンダは突然クラリティのリース販売を終了してしまう。これには次に述べるように含みがあってのことだった。

139

ホンダはFCに関してさらに進めるため、2023年2月に水素事業の拡大について発表した。

　FCシステム活用のコアドメインをFCEV、商用車、定置電源、建設機械の4つと定め、他社との協業にも積極的に取り組むとし、いすゞ自動車とFC大型トラックの共同研究を進める。そして2020年代半ばに年間2000基レベルでFCシステムの社外販売を開始し、段階的に拡大。2030年に年間6万基、2030年代後半に年間数十万基レベルの販売を目指す。さらに将来的に宇宙領域でのFC技術・高圧水電解技術などの水素技術の活用も視野に入れて研究開発を進める、としている。

　また、GMとの共同開発によるFCシステムを搭載したFCEV、「CR-V」を2024年2月末に初公開した。それは2019年型「CLARITY FUEL CELL」に搭載していたFCシステムに対してコスト3分の1、耐久性2倍としたものである。コストについては、電極への革新材料の適用やセルシール構造の進化、補機の簡素化、生産性の向上などにより達成し、耐久性については耐食材料の適用や劣化抑制制御によって達成したとしている。クラリティのリース販売中止はFCEVからの撤退ではなく、その逆で、大きくジャンプするための準備期間といえるものだった。

　日産はFCEVを市販するまでには至らなかったが、トヨタ、ホンダとは異なるアプローチをしている。それはFCの方式が固体酸化物型（SOFC）を使うというものだった。トヨタ、ホンダほか海外のFCEVはすべて固体高分子型（PEFC）である。SOFCの特徴は、PEFCの作動温度が70〜90℃であるのに対し600〜1000℃と高いことである。これは発電効率の点で有利で、PEFCの30〜40％に対しSOFCは40〜60％と高い。作動温度が高いことは燃料の内部改質が可能で、エタノールなどの液体を燃料として使える可能性があるとされている。

　2016年にはブラジルでエタノール燃料による「e-Bio Fuel-Cellプロトタイプ」を発表している。ベース車両は「e-NV200」で100％エタノール燃料のSOFCを搭載してテストをしている。

　SOFCは定置用では実用化されているが、自動車用として車載するには課題もいろいろある。作動温度が高いため起動に時間がかかる。ただし、起動初期にはバッテリー電源でEVとして走行すれば解決できる。他にはサイズや重量、エネルギー密度

第4章　CO₂排出ゼロの技術②　カーボンニュートラル燃料とエンジン

ホンダとGMで共同開発した新燃料電池ユニット。

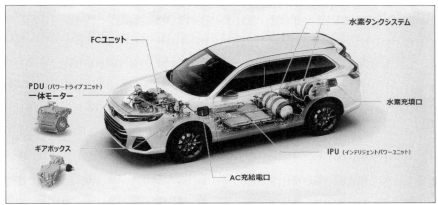

2024年に新発売の燃料電池車ホンダ「CR-V」の主要コンポーネンツ。

など大幅な改善が必要ともいう。日産では2021年よりNEDO（新エネルギー・産業技術開発機構）のプロジェクトにおいて、他の企業とともにドローン向けSOFCのスタックの開発を進めている。これは自動車用とも要求特性が似ていることから、有用な取り組みといえる。エネルギー密度や耐久性の点で優れたものができれば、面白い存在になる。

● 海外におけるFCEV

　FCEVの火付け役だったベンツは、前述のように結局2004年発売の当初の計画は

達成できず、市販仕様のBクラスによる「F-CELL」を発表したのは2009年、発売したのは2010年であった。これはAクラスベースのNECAR 3を発展させたもので、サンドイッチ構造の床下にスタックやバッテリーなどのシステムを収め、車室空間を確保するという方式を踏襲していた。燃料は70MPaの圧縮水素で、最大航続距離は400kmと発表されていた。しかし、200台を欧米でリース販売しただけで、FCEVとしての大きな進展にはならなかった。

2019年になって、ベンツは世界初としたプラグインハイブリッドのFCEV「GLC F-CELL」を発表した。70MPaの水素タンクを搭載し、水素のみの航続距離は336kmだが、外部充電可能な13.5kWhのリチウムイオン電池を搭載しているので、まずはこのバッテリー電源で走行するのが基本になる。日本にも2020年にリース販売の形で導入された。

BMWは2020年代後半にFCEVを市場導入する予定であるとし、2022年12月にFCEV「iX5 Hydrogen」を少量生産、ドイツやアメリカなどで実証試験をすると発表した。日本においても実証実験をするために2023年に数台が導入された。各種データ取得を目的とするもので、当面市販の予定はない。なお、BMWは2011年からトヨタとFCの基礎研究を共同で行なっており、このiX5 Hydrogenのシステムは基本的にはトヨタMIRAIと共通のものであり、圧縮水素方式である。

BMWは次項で述べるように、かつて水素エンジンの研究をしてきたメーカーだが、FCに方針転換したといえる。それはFCのほうが水素エンジンより効率が高く、モーターなど駆動系がBEVと共通性があることを挙げている。

すでにFCEVを販売しているメーカーに韓国のヒョンデがある。NEXOは「ネッソ」と読ませるが、量産型FCEVとしては2代目になる。2018年のラスベガスにおける展示会（CES）で発表し、同年3月に韓国で発売を始めた。2022年にはBEVの「IONIC 5」とともに日本への輸出も決め、オンラインによる受注を開始している。FCは独自開発で、燃料タンクは70MPaの圧縮水素タンクを3本後部に横置きに配置している。1充填の航続距離は820km（WLTCモード）と長いのが特徴。2023年1〜3月期のネッソの世界販売は3737台で、世界でのFCEVシェア50%を超えたという。

第4章　　CO$_2$排出ゼロの技術②　カーボンニュートラル燃料とエンジン

●今後を見すえて

　BEVの動向に比較するとFCEVの動きはにぶい。しかし、欧米の自動車メーカーも完全にFCEVに見切りを付けたところは少ない。

　フォードは1990年代からベンツとFCで提携していたが、2018年に解消する。しかし、2021年には英国の大手パーツメーカーのAVLと提携し、商用バン「トランジット」のFCEVを開発する。ステランティスもFCEVの商品化を目指して設立されたシンビオ社に資本参加し、フランスで商用FCEVの開発、生産に向け動き出している。すでにBEVの「E-トランジット」をベースとしたFCEVの試作車で実証テストを行なっている。ルノーも2030年以降の市販を目指してFCEVのコンセプトカーを発表している。

　これらは、特に商用バンなどの貨物の積載を前提とした車両では、航続距離、荷室スペースなどの点から、BEVだけでは要求に応えられないからである。水素インフラはいまだ不充分だが、来たる水素社会になったときには、FCEVは有用な役割を演ずるはずと考えているわけである。

　FCはバイク用から、大型トレーラー用まで幅広い大きさに適用が可能である。しかし、圧縮水素か、液体水素かといった現状の水素搭載技術では、乗用車より中大型車に向いていると思われる。有機ハイドライドや水素吸蔵合金により、将来画期的に水素搭載が軽く小さくできれば、小型乗用車にも採用が進むと思われる。将来、水素を燃料とした動力源、すなわちFCと水素エンジンは必ず自動車の一角を占めるだろう。

■水素エンジンの歴史

　2021年にトヨタが水素エンジン車で耐久レースに参加し始めたことで、テレビコマーシャルなどを通じて水素エンジンは一般の人にも広く知れわたった。だが、水素エンジンの歴史は実は旧く、日本でも武蔵工業大学（後の東京都市大学）の古浜庄一教授（後に学長）が、1970年に初めて水素エンジンの運転をしている。その後も続けて水素の燃焼についての研究開発を進め、「武蔵1号」から「武蔵10号」までの水素エンジン車を日産、スズキ、日野の車両をベースに製作してきた。その中には圧縮水素タンクの車両もあれば液体水素タンク車両もあった。ポート噴射から筒内直接噴射などいろいろな実証テストを繰り返しながら技術の向上を図り、その後も水素エンジンのトラックや

143

武蔵工業大学（後の東京都市大）の古浜庄一教授の主導のもと製作された水素エンジン車「武蔵1号」は、1974年に白バイの先導で初めて公道を走行した。同校はその後も何台も水素エンジン車を製作し、その研究は現在も続いている。（出典：日本自動車殿堂）

バスを製作した実績を持つ。日野リエッセベースの水素エンジンバスは、2009年に初めて登録ナンバーも取得し、公道走行も行なった。

　そのような東京都市大学の研究開発は今日に至っても続いており、水素エンジンの技術向上に貢献している。また、その間に育った技術者が各自動車メーカーや部品メーカーなどに入社することで、幅広い技術開発が行なわれるようになったといえる。

　水素エンジンは世界的にも研究開発されてきているが、特に熱心であったのはBMWである。2000年にドイツのハノーバーで開催された万国博覧会において世界で初めて水素エンジン車のフリート走行を実施。その後「BMWクリーンエネルギーワールドツアー2001」として世界各国を巡り、日本でも発表デモ走行を茨城県筑波市の日本

2000年に水素エンジン車（7シリーズ）を披露。その後2001年「BMWクリーンエネルギーワールドツアー2001」として世界各国を巡った。日本でも筑波市のテストコースで同乗デモ走行を行なった。

第4章　CO₂排出ゼロの技術②　カーボンニュートラル燃料とエンジン

自動車研究所のテストコース(当時)を使って行なっている。

この時の水素エンジン車はBMWの7シリーズ(750iL)をベースにしたもので、エンジンは5.4L V型12気筒、水素とガソリンの両用のいわゆるバイフューエル式で、走行中でも切り替えが可能であった。特筆すべきは液化水素を使用していたことで、水素燃料使用時の最高出力は204PS、最高速度は225km/hという。その後2004年にFIA公認の速度記録に挑戦し300.175km/hの記録を達成、2005年には760Liをベースとした圧縮水素の水素エンジン車を限定生産するが、2007年に終了。事実上、燃料電池車開発にスイッチした。

その他では、2014年より「戦略的イノベーション創造プログラム(SIP)」のエネルギーキャリアとして、水素エンジンの開発への取り組みがあった。これは自動車用ではなく10MW級の発電エンジン用だが、いろいろな企業や研究所が参加し各分野を担当したが、そのうち産総研(国立研究開発法人産業技術総合研究所)、東京都市大学、岡山大学のチームは単気筒エンジン試験機で水素エンジンの燃焼の実験的解析や計測技術の開発を行なった。この高効率・低NOxの両立を狙った研究で大きな成果を得ている。

■トヨタの水素エンジンレース車の進化

先に述べた通り、トヨタは2021年6月、スーパー耐久シリーズの富士24時間レースに、カローラスポーツをベースとした水素エンジン車を初めて出場させた。ドライブトレーンは

スーパー耐久レースに挑戦しているトヨタの水素エンジン車。車体はカローラでドライブトレーンはヤリス。1618cc、直列3気筒ターボ水素エンジンである。

それまで耐久シリーズを戦っていたGRヤリスのものを移植している。したがってエンジンはG16-GTS型、1618cc、直列3気筒ターボである。初参戦ということで順位は度外視し、いろいろなデータの収集に主眼が置かれた。その後、シリーズの一戦ごとに改良を重ね、大きな進化をしている。

当初苦しんだプレイグニションはだいぶ解析も進み、点火時期や噴射時期など最適解に近づいてきた。出力やトルクも大幅にアップ、車両の軽量化や空力の改善などで最高速度も上がっている。一方で燃費は向上し給油回数の減少を達成している。そして2023年からは燃料を従来の圧縮水素から液体水素に替えた。液化で体積は800分の1になり、エネルギー密度が向上することで航続距離も伸びた。

ただし液体水素になればまた別の課題も出てくる。水素を保つためには−253℃の超低温が必要で、いわゆる魔法瓶のような2重構造のタンクが必要になる。それでも注入口など必ず外界とつながるところがあるので、いわゆるボイルオフが起きる。これは液体水素の蒸発、すなわち気体化である。これを捨ててしまうのは効率が悪いので有効利用するべきだが、具体的にどのように扱うかが大きな課題になる。

■コンバージョン水素エンジンの可能性

FCEVや水素エンジン車に期待が掛けられながら、その普及には鶏と卵の論に陥りがちである。水素の需要が少ないから水素ステーションの増設は進まないし、水素ステーションの数が少ないので、FCEVや水素エンジン車が普及しないとされる。

そうした背景の中、注目されるのがコンバージョン水素エンジンである。これはトラック用のディーゼルエンジンを水素エンジンに改造するもので、「環境省の水素内燃機関活用による重量車等脱炭素化実証事業」に採択された事業である。2つあり、いずれも乗用車用エンジンではないが、いろいろな意味で乗用車にも多大な良い影響を与えるものになるはずである。

そのひとつ、ベンチャー企業といえるiLabo（アイラボ）は、いすゞの5.2Lディーゼルエンジン4HK1型を水素仕様にするもの。すでに使われているトラックのディーゼルエンジンを水素仕様にコンバートするもので、新車として水素エンジントラックを購入するのに比べ、格安でCO_2を排出しない車両を入手できる。経済性ばかりでなく、ライフサイク

第4章　CO₂排出ゼロの技術②　カーボンニュートラル燃料とエンジン

iLaboによるいすゞの5.2Lディーゼルエンジン、4HK1型を水素仕様にする取り組み。これはそのシリンダーヘッド。水素はポート噴射とし、従来のインジェクターのあった燃焼室真上に点火プラグを配置する。バルブやバルブシートも水素仕様に変更されている。

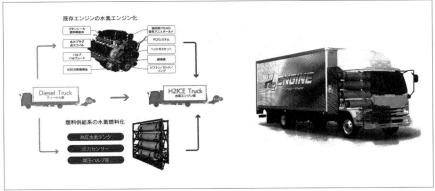

コンバージョン水素エンジンの技術要素。大型車の水素化が進めば水素需要も増えて水素ステーションの経営も成り立ちやすくなる。

ルアセスメント(LCA)の試算においても、電気自動車よりも格段にCO₂の排出が少ない。

　実際の水素エンジンへの変更箇所は、まずシリンダーヘッドである。ディーゼルは圧縮着火であるが、水素エンジンでは点火プラグによる火花点火(SI)とされる。したがって点火装置一式が新規に搭載される。点火プラグは従来の燃料噴射ポンプの位置、すなわち燃焼室の真上に設置される。トヨタのレース用水素エンジン車は筒内直接噴射であったが、これはポート噴射になる。水素脆性もあるのでバルブやバルブシートも材質が変更されている。水素燃焼にさらされるピストンおよびピストンリングも変更されている。潤滑油も水素燃焼対応がなされている。

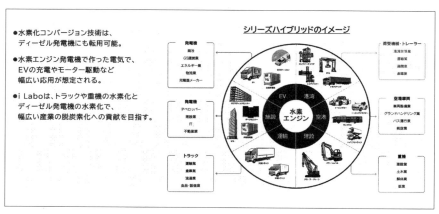

水素化したディーゼルエンジンとトラックの駆動に使うだけでなく、発電機との組み合わせで発電し、電動産業機械・機器での幅広い使用により脱炭素化への貢献を目指している。

　山梨県の開発施設で水素エンジンのテストを続けているが、当初1基でスタートのエンジンダイナモは、別の場所に3～4基を備えた施設を作るという。2024年には走行テストを始め、2025年には本格的な展開を図るという。

　iLaboの狙いは単に水素エンジン車の普及だけではない。水素燃料の需要拡大の道を拓き、好循環を生む素地を作ることにある。東京の特定地域のように燃料電池バスが定期運行しているような場合は良いが、多くの水素ステーションは水素の需要が少なく、補助金なくして経営は成り立たないのが現状である。たまに来る乗用FCEVでは水素の消費量は知れている。しかし、定期運行しているトラックターミナルや物流のハブに水素ステーションを設置し、水素エンジントラックが利用すれば稼働率が上がり、ひいては水素価格の引き下げにも貢献するようになることが見込める。

　さらに、港湾のようなエネルギーを大量消費するエリアでは、コンテナ積載トレーラーへの水素エンジン搭載や、電動の荷受け機器用に発電専用定置式水素エンジンの設置も考えられる。そのようなエネルギー需要の多いところであれば、水素ステーションも稼働率が高く経済的に成り立ちうる。

　もうひとつの例は、次世代車の開発を手掛けるフラットフィールドと東京都市大学ほか何社かで推進するグループで、これも中型トラックによるコンバージョン水素エンジン開発

第4章　CO₂排出ゼロの技術②　カーボンニュートラル燃料とエンジン

2023年7月に行なわれた東京都市大学、フラットフィールド、トナミ運輸など5者が富山県で進める水素エンジントラックの実証走行の出発式。ベース車両は「日野レンジャー」でキャビンの後ろに16本の70MPaの水素タンクを搭載。

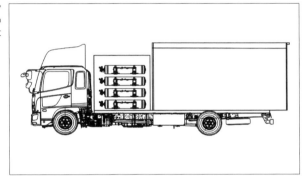

中型水素トラックにおける水素タンク搭載例（2023年6月から始めたフラットフィールドと東京都市大ほかによる検証プロジェクトより）。

である。iLaboの場合も技術面をリードしているのは武蔵工業大学（東京都市大学）で水素エンジンに携わったエンジニアだが、こちらも東京都市大学が技術面で開発を行なっており、産学共同の事業である。

　東京都市大学では過去に何度も水素エンジン車を出しているが、今回もすでに日野の中型トラック、レンジャーの試作車を完成させ、運送会社と組んで実証試験も始めている。

■EVの限界とカーボンニュートラル燃料エンジン

　2023年におけるEVの世界販売は約1000万台となった。新車販売の20%を超えたが、欧州では14%強、米国では地域差が大きいが全体では7.2%強で、日本では3%に満たない。一時は2040年には50%を超えるとの予測もあったが、2024年に入って

EV販売の伸びの鈍化が顕著になった。

　EVの伸びが弱まる要因はいくつかある。まず、日本を含め世界各国ともEV購入に際しては補助金などの優遇措置が採られている。しかし、EVの販売比率がまだ低いうちは続けられるが、販売比率が高くなってきたら、それに要する資金も膨大になり続けられなくなる。その趣旨からいっても販売比率が伸びたら打ち切りになるのは当然で、早くも補助金の打ち切りになる国が出てきた。

　そもそも、EVのコストはエンジン車やハイブリッド車より高い。問題は電池のコストにある。通常ならそれだけ販売量が増えれば量産効果でコストも下げられるのが普通である。しかし、今や世界の自動車メーカーは自社のEV用に電池の確保が大きな課題となり、電池の争奪戦の様相を呈している面がある。背景にはリチウムをはじめ電池の素材であるニッケル、コバルト、マンガンなど希少資源の価格高騰がある。下がるはずの電池コストが下がらなければ、EVの車両価格も下がらない。

　使い勝手のよいハイブリッド車より高いEVを買うにはそれなりの動機がいる。それは「EVを選ぶことが環境に良いことだ」と思えることにある。しかし、まだ大きな声になっていないが、LCAの考え方が導入されるようになれば、大きな電池を搭載するEVは本当にCO_2排出が少ないのかが問われることになる。しかもLCAは、カーボンフットプリント、すなわちCO_2の問題だけでなく、他の環境によくない物質の排出も考慮の対象になっている。電池生産には環境に不都合な物質の排出が伴うとされている。

　そもそもEV化傾向が大型高価格車両から始まっていることについて、健全な姿かどうか考えてみる必要がある。大型高級車両でEVを進めるのは、裕福層を狙った商売上の理由からに過ぎない。大きな電池を搭載すれば航続距離の心配も減る。その分高価格になっても、それに対応できる富裕層や環境意識の高いユーザーは一定数いる。だが、大きなEVではそれだけ大きな電池を搭載している。限られた資源をそれだけ多く使い、かつ生産時に大きな環境負荷を掛けているといえる。

　それより、大きい電池資源を分けて小さいEV数台に搭載したほうが、CO_2の削減効果は大きい。日本では軽自動車のEVである日産サクラと三菱eKクロスEVが発売になったが、これこそが本来のEVの進展の健全な姿である。

　EUにおいてe-fuelエンジンならば認める方向が出たが、バイオ燃料は認めないとい

第4章　CO₂排出ゼロの技術②　カーボンニュートラル燃料とエンジン

うのも論理的におかしいし、そもそも理不尽といえるEV化ムーブメントはすでに見直さ
れ始めている。急進するEV販売も販売比率が増すに従い伸びは緩やかになり、やが
て、カーボンニュートラル燃料エンジン、すなわち、バイオ燃料、e-fuel、水素を燃料と
したエンジンとシェアを分かち合うようになるはずである。2050年時点でも、EV比率が
50%を超えるのは難しいだろう。ほとんどがEVになるには航続距離、充電時間が画
期的に進歩した電池が実用化されるようになってから、すなわち50年以上先のことだと
考える。

主要元素
知っておきたいクルマ関連の元素

H	水素	陽子と電子からなる最も単純な元素。唯一中性子を持たず最軽量でもある。宇宙で最も多く存在する。常温では無色無臭の気体で、非常に燃えやすい。－254℃以下で液体。世界はエネルギーを水素と電気によってまかなう水素社会を目指しており、①作る、②溜める・運ぶ、③使う、の3要素が課題であり、その研究開発が行なわれている。
He	ヘリウム	無色無臭で水素に次いで軽量だが、不燃性で安全な元素。空気の1/8の密度なので気球や飛行船、風船などに使われる。宇宙で水素に次いで多い元素。
Li	リチウム	アルカリ金属の一種で化学活性が非常に高い元素。レアメタルでもある。全元素中でイオン化傾向が最大で、かつ比重が非常に小さいのでリチウムイオン二次電池として多く使われている。
C	炭素	非金属の元素。共有結合の手が4つあるので、単体としても化合物としても多様な形状を取ることができる。炭素にはダイヤモンド、黒鉛、カーボンナノチューブなど多くの同素体がある。炭素を含む化合物は「有機物」とも呼ばれるが、一酸化炭素、二酸化炭素など一部の化合物は除かれる。
N	窒素	常温常圧で無色無臭の気体。空気の78%を占める。原子2個で気体分子を構成するが、原子間の結合力が強く活性は非常に低い。常圧では無害だが、高圧になるとアルコール酔いのような症状を起こす。動物にとっては必須アミノ酸やたんぱく質などが、植物にとってはリン酸、カリウムと並ぶ肥料の三大要素の一つ。一方、酸素と結びついた窒素酸化物NOxは、エンジンの有害排気ガスとしてその低減が求められている。光化学スモッグ等の原因となる。
O	酸素	常温常圧で無色無臭の気体で、原子2個で分子O_2を構成する。活性が非常に高く、動物の呼吸にとって重要な元素。電気陰性度（電子対を引き付ける力の強さ）が大きく、ほとんどの元素と化合物を作る。その現象がすなわち酸化である。同素体としてオゾンO_3がある。
F	フッ素	原子2個の猛毒の気体。すべての元素の中で最大の電気陰性度を持ち強い酸化作用がある。自然界では単体で存在せず「螢石」として存在する。螢石の透明結晶は光の屈折率がガラスより小さいため色収差が小さく、カメラや望遠鏡のレンズとして使われる。フッ化水素HFは非常に活性の高い猛毒の液体だが、フッ素樹脂の一種テフロン（商品名）にすると化学的に安定し、フライパンなどの表面加工に使われたりする。
Na	ナトリウム	常温常圧で水よりわずかに軽い固体金属。融点98℃～沸点833℃では液体。酸、塩基、水とも高い反応性を示す。ナトリウム化合物をソーダといい、苛性ソーダは水酸化ナトリウムのこと。ナトリウム硫黄電池が定置型電池として実用化されている。塩化ナトリウムは人体に欠かせない物質で、食品としての塩の9割ほどがこれである。

Mg	マグネシウム	常温常圧では銀白色の固体で、結晶構造を成している。実用の金属の中では最も軽量でアルミニウム合金の約2/3の重量。レーシングカーでは「マグホイール」としてロードホイールに使われたりする。マグネシウムは発火すると消火がやっかいで、専用の消火剤を使用しなければならない。水では燃焼の促進になってしまい、冷却も自然冷却しかない。リチウムイオン電池の先の電池としてマグネシウムイオン二次電池がある。負極に金属マグネシウム、正極には硫黄をドープした5酸化バナジウムを使う。電池でマグネシウムを使うと酸化マグネシウムになるが、太陽光レーザーなどで還元すれば元のマグネシウムに戻る。マグネシウムは海中に塩化マグネシウムとして豊富にある。水素社会と同様にマグネシウム循環の社会も展望できる。
Al	アルミニウム	マグネシウムと同様、常温常圧で銀白色の固体で結晶構造を持っている。マグネシウムに次いで軽量で加工もしやすいので、自動車の構造体ほか広く使われている。熱伝導率も電気伝導率も高い。展性も高く薄いアルミ箔も市販されている。粉末は燃焼性が強く高温が発生するので、火薬に添加されたりもする。マグネシウム同様水では消化できない。軽量だが単体では軟らかいので大抵は合金として使う。最も強度があるのがジュラルミン（Al＋Cu、Mg、Mn）で、航空機の機材として多く使われる。溶解温度が鉄などに比べ低いので、リサイクルしやすいのも利点。
Si	ケイ素 （シリコン）	ケイ素は常温常圧で暗灰色の固体で結晶構造を持っている。地球上で酸素に次いで量が多い元素である。通常は「二酸化ケイ素SiO_2」として存在している。その結晶が石英（クォーツ）でその中の透明度が高いものが水晶である。石英は花崗岩などに多く含まれ地表付近に豊富にある。単結晶の製造時にごく微量の金属、リン、アンチモンなどを添加するとN型半導体になり、ボロンなどを添加するとP型半導体になる。このように半導体に使われるほか太陽電池、液晶の材料としても使われている。
P	リン	リンは10種類の同素体を持っており、それぞれ異なる色と性質を持っている。その代表的な黄リンは非常に発火しやすく猛毒。発火点が約30℃と低いので簡単に自然発火する。赤リンは黄リンを加熱して得られる赤紫色の固体で、自然発火はしない。マッチ箱のこすられる面に使われる。リンは骨の主要成分でもあり、人間にとって重要な元素。また、肥料の三大要素のひとつで、農業にとっても重要。
S	硫黄	リンと同様に同素体が多い元素だが、最も一般的な硫黄は8個の硫黄原子が環状に結合した無臭で淡黄色のS_8。常温常圧で固体。硫黄の主な用途は硫酸で鉛電池の電解液もそのひとつ。そのほか医薬品、肥料、爆薬などに使われる。また、硫黄は人体にとっての必須元素でもある。石油に含まれているので、脱硫はするが排気ガスとして排出される分が残ることがあるので、その対策が必要になる。

Cl	塩素	最外殻電子が1つ欠けていて電子を引き付ける力が非常に強く、原子が陰イオンになりやすい。塩素分子は原子2個で「Cl_2」を構成するが、常温常圧で特有の臭いを持つ黄緑色の気体で、強い毒性や腐食性がある。これは漂白、殺菌になるので、衣類の漂白、水道水やプールの消毒剤として使われる。ただし、気体では扱いづらいので苛性ソーダ水溶液と反応させた「次亜塩素酸ナトリウム」として使用される。塩素と水素の化合物が塩化水素で、この気体を水に溶かしたものが塩酸である。塩素や塩酸は塩水を電気分解して製造される。
Sc	スカンジウム	最も軽い希土類元素でレアアースのひとつ。アルミニウム合金にわずかに添加するだけで強度が大幅に上がるとともに耐食性も上がる。溶接も容易になる。固体酸化物型燃料電池（SOFC）の電解液に添加されたりもする。
Nd	ネオジム	軽希土類元素のひとつ。鉄とホウ素の化合物であるネオジム磁石は実用上で最も強力な永久磁石で、モーターの重要な部品になっている。
Dy	ジスプロシウム	重希土類元素のひとつ。ネオジム磁石は高温で保持力が低下するが、ジスプロシウムを添加することでその低下を防げる。
Ti	チタン	銀灰色の結晶構造を持つ固体。常温では表面の安定した酸化物の皮膜で保護されるので、強い耐久性を持つ一方、高温ではいろいろな元素と反応しやすくなる。軽量化の決め手となる元素で、チタンとアルミニウムの合金は、鋼鉄の半分以下の重さで約2倍の強度を持つ。またアルミニウム合金との比較では約1.6倍の重さで2〜3倍の強度を持つ。チタンは埋蔵量としては多いのだが、含有率の高い鉱物が少なく、生産時に多くの電気を使うため高価であるのが難点。
Cr	クロム	常温常圧で銀白色の固体でレアメタルのひとつ。クロムの表面はすぐに酸化被膜で覆われるのでさびにくく耐食性がある。そのためクロムメッキとして使われる。また、鉄とニッケルとクロムの合金であるステンレス鋼はほとんどさびないので広く使われている。
Mn	マンガン	常温常圧で銀白色の固体。チタンやクロムと同様に表面が酸化して皮膜を作り金属を保護する。マンガンはそのまま使われることはあまりなく、マンガンやその合金を添加することで鉄鋼の強度や粘り、摩耗耐久性を向上させる。二酸化マンガンはマンガン電池やアルカリ電池、リチウムイオン電池などの電池材料として多く使われている。
Fe	鉄	地球上では7番目に多く存在する元素だが、ほとんどの鉄は酸化物として存在し、一般的に認識されている鉄の性質は鉄と不純物元素との合金としての性質といえる。鉄は鉄鉱石とコークスと石灰石で作る。コークスの燃焼熱で鉄鉱石と石灰石を溶かし、鉄から酸素を分離するとともに石灰石が不純物を取り除く。鉄に炭素を0.2〜2.0%を含ませたものを「鋼」といい、それ以下は軟鉄、それ以上は「鋳鉄」または「銑鉄」という。鉄は多くの元素と化合して様々な性質の鉄を作り利用している。また、鉄は酸素と結合して全身に運ぶ役割があり、人体にとっても重要な元素となっている。

Co	コバルト	コバルトは銀灰色の遷移金属で、レアメタルのひとつ。銅やニッケル生産の副産物として得られる。鉄と同様に強磁性を持っている。いろいろな使い方で役に立つ元素だが、今や最大の需要はリチウムイオン二次電池の電極材料である。正極にコバルト酸リチウムが使われるが、高価である。コバルトはまた、合金の硬度や耐熱性の向上のための添加金属としても使われる。
Ni	ニッケル	常温常圧で銀白色の光沢ある遷移金属。ニッケル水素電池やニッケルカドミウム（ニカド）電池など、電池で多く使われている。ニッケルは空気中でさびにくく、耐食性が高いのでメッキにも用いられる。ステンレス鋼ではクロムに次ぐ主成分である。ニッケル50%とチタン50%の合金は最も一般的な形状記憶合金。
Cu	銅	常温常圧で淡赤色の金属で、高い電気伝導性と延性がある。電線や電子部品、半導体に多く使われている。耐食性も高いことから5円、10円、100円、500円などいずれも銅合金で作られている。真鍮も銅合金のひとつで金管楽器、仏具などに使われている。人類にとって最初の金属でもある。
Zn	亜鉛	常温常圧で青みを帯びた銀白色の金属。湿った空気でさびやすく表面に酸化被膜ができるので、メッキを施すと腐食を防げる。鉄板に亜鉛メッキを施したものが「トタン」である（ブリキは鉄板にスズメッキ）。亜鉛はアルカリ電池、空気亜鉛電池の陰極板にも使われている。
Y	イットリウム	常温常圧で銀白色の固体でレアメタルのひとつである。レーザーやバックライト液晶での利用が多い。ニッケル水素電池の高温域での充電効率の向上のために正極表面にイットリウムの膜を施したりする。
Zr	ジルコニウム	常温常圧では銀白色の固体でレアメタルのひとつ。ケイ酸塩鉱物がジルコン、酸化物が宝飾品にもなるジルコニアである。最大の用途は耐火レンガだが、ジルコニアセラミックスは圧電素子、コンデンサー、触媒などに使われている。しなやかで曲げ強度に強い。固体酸化物型燃料電池（SOFC）の電解質にも使われる。
Mo	モリブデン	常温常圧で銀灰色の金属でレアメタルのひとつ。空気中ではすぐに酸化被膜ができ内部を保護するようになる。鋼にモリブデンを添加すると強度が増す。クロムモリブデン鋼は通称「クロモリ」と呼ばれて、自動車部品や自転車のフレームに使われている。
Pd	パラジウム	常温常圧で銀白色の金属で、耐食性に優れている。白金族元素のひとつでレアメタルである。白金とパラジウムはCOやHCを酸化し、CO_2やH_2Oにする機能があるので三元触媒に使われている。また、体積の935倍の水素を吸蔵できるので水素吸蔵合金として利用もできるが、高価ではある。
Ag	銀	常温常圧で銀白色の軟らかい金属。ただし空気中の硫黄や塩素と反応して黄色から黒まで変色する。電気伝導率、熱伝導率、可視光線反射率が金属中で最大。延性、展性も金に次いで高い。高価であるがスマートフォンの配線に使用されたりしている。

Cd	カドミウム	常温常圧では銀灰色の軟らかい金属。蓄積性が高く人体には有害で、肝臓機能に障害を及ぼして骨の病気を引き起こす。「神通川」の汚染から「イタイイタイ病」を引き起こした過去がある。ニッケルカドミウム電池として利用されていたが、もはやニッケル水素電池に置き替わってきている。
Sn	スズ	常温常圧で銀灰色の軟らかい金属。延性、展性に優れ融点も232℃と低く鉄よりもさびにくい。鋼板にスズメッキしたものが「ブリキ」であり、鉛との合金が「ハンダ」である。銅との合金は「青銅」で、昔から彫像などに使われてきたほか、エンジンのクランクベアリングの材料にもなっている。最近は電子部品にも多く使われている。
Ir	イリジウム	銀白色の硬い金属で最も重い。耐熱性、耐食性、耐摩耗性にすぐれ、エンジンの点火プラグに使われる。これによりプラグの交換時期を大幅に延ばすことができた。
Pt	白金	銀白色の軟らかい金属、プラチナとも呼ばれる。酸に対して強い耐食性があり、延性、展性は銀に次いで高い。単体としてだけでなくイリジウムやパラジウムとの合金として工業製品や宝飾品に使用される。触媒にとって重要な金属で、排気ガス浄化用三元触媒では白金とパラジウムがCOをCO_2に、HCをH_2Oに変える。固体高分子型燃料電池（PEFC）では陰極に白金触媒が必要である。その使用量を減らす工夫や、代替物への変換が追求されている。
Au	金	金色の軟らかい金属で、反応性が低く空気中では浸食されない。銀や銅ほどではないが、電気伝導率、熱伝導率は高い。延性、展性は群を抜いて高く、薄くしたり長くしたりすることができる。酸化しにくく容易に細線が作れるのでLSIの内部配線やメッキ材として使用される。宝飾品のイメージも強いが工業需要のほうが圧倒的に多い。
Pb	鉛	青みがかった灰色の金属。空気中ではすぐに酸素と反応して酸化被膜ができる。融点が低く柔らかいので加工しやすいが、弱いながら毒性がある。そのためEUでは使用を制限する指令が出されている。鉛の需要は自動車の車載電池用が多くを占めているが、鉛電池はリサイクルが確立している。鉛はまた、放射線遮蔽材としての機能があることでも知られている。
I	ヨウ素	常温、常圧では黒紫色の固体で、ハロゲン元素のひとつ。昇華しやすく有毒だが、人間の甲状腺ホルモンの合成に微量な量は必須な元素。ペロブスカイト型太陽電池の材料として注目が集まっている。海水中に含まれており、日本には豊富にあって輸出をしている。

主要分子
知っておきたいクルマ関連の分子

H_2O	水	水素Hと酸素Oの化合物H_2O。常温で液体だが、0℃で固体（氷）、100℃以上で気体（水蒸気）になる。
H_2O_2	過酸化水素	無色で油状の重い液体。強い酸化剤であり漂白剤、殺菌剤、洗浄剤などに使われる。常温でも徐々に分解して水と酸素を発生する。水溶液は過酸化水溶液で約3%のものはオキシドールという。
H_2S	硫化水素	火山ガスや温泉に含まれる独特なにおいのする無色の有毒な気体。燃やすと青い炎を上げ二硫化硫黄を発生する。分析試薬に使われる。
HC	炭化水素	炭素と水素だけから成る化合物の総称。メタン、エタン、プロパン、ブタン等々。
HCl	塩化水素	無色の刺激臭のある気体。塩酸の製造、塩化ビニルの原料として使われる。
H_2CO_3	炭酸	二酸化炭素CO_2が水H_2Oに溶けると発生する弱い酸。一般的に水に溶けた状態でのみ存在するので、炭酸水として認識されている。
H_2SO_4	硫酸	無色で粘り気のある油状の液体。硝酸に次いで酸性が強い。一般的には水溶液のことを指し、濃度により希硫酸・濃硫酸という。鉛電池の電解液に希硫酸が使われている。
H_3PO_4	リン酸	無色のガラス状または針状晶。融点61℃。水、エチルアルコール、エーテルによく溶ける。肥料の三大要素のひとつ。生体内のリンはほとんどリン酸の形で存在する。
CO	一酸化炭素	無色無臭の猛毒性の気体。炭素や炭素化合物が不完全燃焼すると生じる。空気中では青い炎で燃えて二酸化炭素CO_2になる。還元性が強いので製鉄において酸化鉄から銑鉄を作るのに使われる。またメタノールの製造をはじめ有機合成化学工業の原料として使われる。
CO_2	二酸化炭素	無色無臭、不燃性の気体で炭酸ガスともいう。大気中に約0.041%含まれている。比重は1.529で空気より重い。地球温暖化の原因であるGHG（温室効果ガス）のひとつとされて、排出ゼロまたは低減が求められている。炭化水素燃料を燃やせばその量に応じたCO_2が必ず排出される。
NO	一酸化窒素	無色の気体で、空気に触れると直ぐに赤褐色のNO_2になる。体内で平滑筋を弛緩させたり血管拡張させたり重要な働きをしている。
NO_x	窒素酸化物	窒素の酸化物全体を指すのでNO_xと表す。通常は大気汚染源の窒素酸化物をいう。二酸化窒素は人体に有害で酸性雨の原因ともなる。エンジンが高温で燃焼すると空気中の窒素と酸素でNO_xが排出される。水素やe-fuel、バイオ燃料など炭素を問題としない燃料でもNO_xの発生はあり、その対策が必要になる。

SO_2	二酸化硫黄	硫黄を燃やした時に出る無色で刺激臭のある気体。亜硫酸ガスともいう。ガソリンや軽油燃料には微量ながら硫黄が含まれていて、その燃焼でSO_2が発生する。
O_3	オゾン	ニンニクのような臭いのする薄青色の有毒の気体。酸化する力が強く、殺菌、消毒に使われる。大気の成層圏にはオゾン層があり、太陽からの有害な紫外線を吸収し、地球上の生物を守る役割を果たしている。
NH_3	アンモニア	強い刺激臭のある無色の可燃性の気体。炭素を含まないので燃焼してもCO_2を排出しない。ただし、着火性はよくないので高回転である自動車用エンジンの燃料にはならない。向いているのは連続燃焼のタービンで、発電用として期待されている。水素を多く含んでいるアンモニアは-33.4℃という比較的高い温度で液化するので、水素のキャリアとしても考えられるが、トルエン以上の利点かあるかは難しいところ。
$MgCl_2$	塩化マグネシウム	無色の結晶で、金属のマグネシウムの原料になる。海水に0.5％含まれるので、エネルギーを使えば不足ない量を確保できる。
CH_4	メタン	無色無臭の可燃性の気体。家庭用ガス燃料になるほかアンモニア、メチルアルコール、アセチレンなどの原料としても用いられる。
C_2H_6	エタン	メタン系炭化水素のひとつで、無色無臭の可燃性の気体。天然ガスや石油分解ガス中に含まれている。燃料として、またエチレンの製造原料として用いられる。
C_3H_8	プロパン	メタン系炭化水素のひとつで無色無臭の可燃性の気体。プロパンガスは俗称LPGともいわれるが、これはプロパンのほかプロピレン、ブタン、ブチレンなどとの混合物のこと。ガソリンエンジンの燃料になる。ガソリンより安価でCO_2の排出も少なめ。
CH_3OH	メチルアルコール	メタノールともいう。特有臭のある無色で可燃性の液体。有毒で体内に入れると失明や死に至る。燃料として用いられたこともあるが、毒性のため現在ではエタノールに替わられている。有機合成の原料、溶媒などに用いられている。
C_2H_5OH	エチルアルコール	エタノールともいう。芳香のある無色の可燃性液体。水、有機溶媒とよく混ざる。アルコール性飲料として知られているが、燃料としても期待されている。エタノールはサトウキビやトウモロコシを原料として作られ、ブラジルでは燃料としてのエタノールが普及している。
$C_6H_5CH_3$ (C_7H_8)	トルエン	揮発性有機化合物のひとつ。無色透明で臭気のある液体。常温で揮発性があり引火性がある。ベンゼンの水素原子のひとつをメチル基で置換した構造を持ち、油、樹脂の両方を溶かすことができ、溶媒として多用されている。体積の500倍の水素ガスを貯蔵できるので水素キャリアとして有用。
C_7H_{14}	メチルシクロヘキサン	ベンゼン様の臭気を持つ無色の液体。トルエンが水素を取り込んだ状態。350～400℃に加熱すると水素H_2を分離してトルエンになる。

参考文献

「Motor Fan illustrated 160 エンジンの可能性」三栄
「Motor Fan illustrated 211 ENGINE 燃焼最前線」三栄
「日経 Automotive　2023 年 7 月号」日経 BP
「日経 Automotive　2024 年 3 月号」日経 BP
「自動車技術　Vol.75　2021 年 6 月号」自動車技術会
「自動車技術　Vol.76　2022 年 8 月号」自動車技術会
『自動車技術ハンドブック（10）設計（EV・ハイブリッド）』自動車技術会

酒井雅芳『イラストで電気のことがわかる本』新星出版社、1995 年
堀洋一ほか『自動車用モータ技術』日刊工業新聞社、2003 年
松下電池工業株式会社監修『図解入門 よくわかる最新電池の基本と仕組み』
秀和システム、2005 年
見城尚志ほか『イラスト・図解最新小型モータのすべてがわかる』技術評論社、
2006 年
瀬名智和『エンジン性能の未来的考察』グランプリ出版、2007 年
飯塚昭三『ハイブリッド車の技術とその仕組み』グランプリ出版、2020 年

「コモンレールシステム（製品説明書)」デンソー
「CATALER　2018 年版小冊子」アーク・クリエイション・センター
自動車メーカー各社ウェブサイト

〈著者紹介〉

飯塚昭三（いいづか・しょうぞう）

東京電機大学機械工学科卒業後、出版社の㈱山海堂入社。自動車書籍の編集に従事。モータースポーツ専門誌「オートテクニック」創刊メンバー。取材を通じてモータースポーツに関わる一方、自らもレースに多数参戦、編集者ドライバーのさきがけとなる。編集長歴任の後、ジムカーナを主テーマとした「スピードマインド」誌を創刊。その後マインド出版に移籍。増刊号「地球にやさしいクルマたち」等を企画出版。現在はフリーランスの「テクニカルライター・編集者」として、主に技術的観点からの記事を執筆。また、一般社団法人日本陸用内燃機関協会・機関誌LEMA（陸用内燃機関）編集長としても活動。著書に『電気自動車メカニズムの基礎知識』（日刊工業新聞社）、『サーキット走行入門』『ジムカーナ入門』『燃料電池車・電気自動車の可能性』『ガソリンエンジンの高効率化』『ハイブリッド車の技術とその仕組み』（グランプリ出版）等がある。JAF 国内A級ライセンス所持。モータースポーツ記者会会員。日本EVクラブ会員。日本自動車研究者ジャーナリスト会議（RJC）会長。

自動車用動力源の現状と未来 **カーボンニュートラル時代に向けて**	
著 者　　**飯塚 昭三** 発行者　　**山田 国光**	
発行所　　**株式会社グランプリ出版** 〒101-0051　東京都千代田区神田神保町1-32 電話 03-3295-0005㈹　FAX 03-3291-4418 振替 00160-2-14691	
印刷・製本　　モリモト印刷株式会社	